金商道

The positive thinker sees the invisible, feels the intangible, and achieves the impossible.

惟正向思考者，能察於未見，感於無形，達於人所不能。 —— 佚名

向矽谷學敏捷創新

史丹佛轉型專家親授微軟、亞馬遜等矽谷巨頭
8大致勝心態，
打造創新、活力十足的卓越組織

GOING ON OFFENSE

A LEADER'S PLAYBOOK FOR
PERPETUAL INNOVATION

Behnam Tabrizi

貝南・塔布里奇——著　鍾玉玨——譯

獻給

我的媽媽，Nahid，她是我永遠的啦啦隊長

目錄

CONTENTS

向矽谷學敏捷創新

第Ⅱ部——奮進

推薦序／

領導轉型，企業轉贏

文／邱奕嘉

在迅速變化的商業環境中，轉型與創新已經不是一個選擇，而是為了存活下去的必要條件。但成功轉型的案例並非信手拈來、俯拾皆是。深究其原因可以發現，經理人在面對轉型與創新的挑戰時，往往傾向於從外部找尋新的機會，例如：市場趨勢、技術創新、商業模式轉變以及資源的獲取，但卻忽視了對自身以及團隊成員，內在領導力的深度省思與提升。著眼於外、拙於安內的結果使得多數企業主即便頭腦有「想法」，卻因為內部團隊領導力與執行力不足，而苦無執行的「辦法」。

領導力是企業轉型致勝關鍵

《向矽谷學敏捷創新》（*Going On Offense*）一書由史丹佛大學的貝南．塔布里奇（Behnam

Tabrizi）教授撰寫，他的論點呼應了我上述的觀察。**他認為企業轉型與創新的成功關鍵在於領導力的建構與發展。**作者的研究方法十分嚴謹，透過大量質化與量化分析，並結合廣泛的訪談，深中肯綮地解構全球成功轉型的企業案例，揭示了這些企業的共通點——厚實的領導力。這些個案完美示範了企業內在的力量：不僅是企業主展現出領導的典範，更能將其擴及員工，成為組織能力的一部份。

塔布里奇教授的研究指出，**轉型必須從領導者做起**，以身作則，從內而外地引領整個組織向前邁進。這不只是單純地提升領導者及團隊成員的領導力，更涵蓋了組織文化與管理流程的根本結構性轉變。這個觀點反映了一個簡單卻深刻的道理：**改變始於領導層的內在轉型，也呼應坊間的一句順口溜：問題都出在前三排，關鍵在主席台。**

在這本書中，**塔布里奇教授將多年的研究成果，結合顧問輔導的實務經驗，梳理整合成對經理人發展領導力的具體建議。**他將轉型成功的要素歸納為八大關鍵特質，包括組織的存在意義、對顧客著魔、創業心態、比馬龍效應、控制節奏、雙模式運行、大膽行動、及鼓勵合作。這些特質定義了優秀經理人應具備的領導力，也是企業在迎接市場變化時不可或缺的組織能力。

本書的另一個亮點是**以豐富的案例進行分析，生動闡述了每一項關鍵特質的內涵**，從蘋果、特斯拉到亞馬遜等企業的故事中，讀者更能領略這些特質的精髓，掌握實踐時的步驟。本書第10章即以星巴克為例，將這八項特質整合應用於企業的創新轉型之中，就是最典型的成功模組。讀者閱讀完第1章，初步概括其理論精神後，可以跳讀第10章，搭配具體執行的細節，全面性地瞭解本書論述。

企業經營本來就是不斷敏捷調整的過程，而這些特質的實踐更不可能一步到位，它需要企業進行長期努力和持續改進。這些特質的實踐必須在策略發展、組織架構、文化建設、人才培養、營運流程等各個方面，進行系統性的規畫與調整。例如：為了加強組織的存在意義，企業必須重新審視自己的使命與願景，並將之融入日常的營運與決策中；例如：為了提升顧客導向，企業可能得加強市場研究和顧客關係管理，並對產品開發過程進行調整，確保能快速響應市場的變化；又或者，為了培養創業心態，企業則需要建立一種「鼓勵創新、容忍失敗」的文化，並提供員工必要的資源和支持，激發他們的創造力和主動性。因此讀者在落地執行時，千萬不要東施效顰、一味模仿，而應該要系統性的量身訂做、客製化調整。

轉型與創新是所有企業經理人必須參與的戰役，這本書為摸黑匍匐前行的企業經理人指引了光的方向，也帶來了齊全的裝備。當一個企業理解並一一實踐了這些特質，一定能在競爭激烈的市場環境中找到立足點，也能為長遠的發展奠定堅實的基礎。

（本文作者為政大商學院副院長）

推薦序／

向全球頂尖企業學習創新之道

文／VK

《VK科技閱讀時間》是個專門聊科技產業背後故事的電子報、Podcast節目。我曾在過往介紹過微軟、SpaceX、輝達等科技公司，在這些矽谷巨頭企業之中讓我印象十分深刻的案例是——亞馬遜。

亞馬遜為什麼會在二〇〇七年決定從〇到一打造電子書閱讀器Kindle呢？這問題非常吸引我，無獨有偶地，這問題同時也吸引《向矽谷學敏捷創新》作者為史丹佛大學教授的貝南·塔布里奇，他特別在新書中深入探討這個有意思的提問。

當時，亞馬遜為什麼不是選擇和其他公司合作？這個方式無疑是更輕鬆、更省力。但亞馬遜深信如果要達到真正達到的創新，只能由他們自己來。

最終大眾看見的創新，更像是一連串行動帶來的結果。這一連串的行動起因就是——亞馬遜對顧客幾乎是瘋狂地著魔，他們非常、非常在意顧客的需求。

如同亞馬遜創辦人貝佐斯（Jeff Bezos）所說的：「我常被人問到未來十年有什麼事會改變，幾乎沒有人問過我『未來十年有什麼事不會改變？』我要告訴你的是，第二個問題其實比第一個問題還要重要。」

對亞馬遜而言，永遠不會改變的事物是——「顧客的需求」。按照這樣的想法，亞馬遜盡全力提供顧客：

更低廉的產品：當時剛推出每本電子書只要九・九九美元。（後來有調回正常的價格）

更快速到貨：只要消費者購買完成，幾秒時間就能在閱讀器上閱讀。

有豐富的購物選項：電子書城裡面有將近十萬本書，是當時圖書種類最多的書城。

這也讓亞馬遜屢屢創新，最終成為一家偉大的企業。這段當初亞馬遜如何設計 Kindle、克服萬難的精采商業故事，你若感興趣，可以在《向矽谷學敏捷創新》一書中完整了解前因後果。

從成功和失敗企業案例，找到創新方向

面對科技浪潮的來襲，加緊腳步的組織創新、轉型是生存之道。但「組織該如何轉型？」「如何讓組織變得敏捷、更快找到創新的方法？」「企業成功創新一次後，該如何做才能永續創新下去？」《向矽谷學敏捷創新》正是一本能夠回答以上這些問題的好書，並帶你找到創新、轉

型的可行見解。

作者貝南・塔布里奇在採訪超過數千多位企業高層、深入研究了二十六家公司與組織，歸類了創新所需的特質。本書不僅深入地分析成功企業究竟如何創造獨特優勢、創新等，例如，像是為人熟知的亞馬遜、蘋果、特斯拉、微軟等科技巨頭。此外，本書同時也探討過往創新、轉型失敗的公司，如百視達、柯達和諾基亞等，他們在哪一步走錯了，未來可以如何避免。

本書的內容讀來有趣、好懂，作者在每一篇章介紹創新特質時，時而理論、時而穿插公司案例，讓人在閱讀的過程中能夠快速掌握概念，了解企業創新的方法。相信這本書能幫助你在創新、轉型的路途中，給予方向，提供可行的方法！

（本文作者為《VK科技閱讀時間》電子報、Podcast節目主持人）

序／

組織如何更敏捷、更創新？

如何讓一個典型的組織轉型，變成敏捷創新、步調快、對未來滿懷期待、活力十足的組織？我原本以為自己對這問題已有充分而完整的答案。

畢竟這二十五多年來，我是史丹佛大學高階主管學程（Executive Program）的負責人，並親授一門熱門課——如何帶領組織成功轉型。此外，我擔任過企業的諮詢顧問，輔導超過一百家公司規畫、動員人力、落實創新與轉型。我研究過一千多個組織轉型的個案。我針對企業轉型寫了九本書，其中包括受歡迎的《快速轉型》（*Rapid Transformation*），書裡附上行動計畫，可以協助企業快速脫胎換骨，變得敏捷又重視創新。我是國際熱賣暢銷書《由內而外的影響力》（*The Inside-Out Effect*）的共同作者，該書指導企業領導人如何進行個人自我轉型，進而帶領組織落實轉型。這兩本書一起使用，猶如致勝的「祕密醬料」，可讓公司成功脫胎換骨，變得更敏捷、追求創新、永保創業時奮進的精神。

然而，有一次臨時參加一個商務餐會時，突然意識到自己缺少了一個關鍵元素。

二〇一四年冬天的餐敘上，我對面坐的是當時電信巨擘愛立信（Ericsson）的執行長漢斯．維斯特伯格（Hans Vestberg）。（今天他是威訊通訊〈Verizon〉的執行長。）我們彼此相識，因為我策劃並主持史丹佛大學高階主管學程，專門為企業量身打造課程，教授組織領導力與企業轉型。漢斯派遣了七十位高階主管參加我們的學程，並計畫再派一百五十人參加。餐會上，我們兩人喝了幾杯酒後，我問他為什麼選擇史丹佛。他說，希望他的員工能向世界最具創新精神又敏捷應變的公司取經學習，而這些一流公司大多設在矽谷。他希望他的高管能夠深入融入這些公司的企業文化，畢竟矽谷文化孕育了蘋果、特斯拉、亞馬遜、思科等響叮噹的公司。

他坦言，希望公司的主管能夠應用在史丹佛所學，成功帶領愛立信的企業文化轉型，讓愛立信成為積極創新、迅速因應新機遇的公司。

我離開餐敘時，對漢斯的評語留下深刻印象，並深入思考他的話。他希望高階主管「向最頂尖的公司學習」。我的思緒飛轉，不禁想知道，如果深入研究最具創新精神的公司會有何發現。這些公司具備我所謂的「致勝心態」（winning mindset）：不停地創新求變，持續不懈地實驗探索，這種全力以赴求勝的心態從上到下貫穿整個組織。我想知道深入研究這些公司後，會有何發現？想知道透過研究與分析，能否找到讓這類公司成功貫徹致勝心態的關鍵因素？

我對這個研究方向一直念念不忘。加上不太滿意之前針對敏捷應變和創新精神的研究。此外，我意識到，這個最新研究將填補之前兩本書不足之處。

《快速轉型》提供了藍圖，有助於提升組織的敏捷性和創新精神。該書以實用的方法實踐，可以指導大型組織及各階層的主要領導人敏捷調整方向，朝新的目標邁進，猶如指揮一艘油輪快速敏捷地改變方向，駛向新的目的地。然而《快速轉型》少了可以傳播這種致勝心態的方法，亦即少了能讓致勝心態貫穿整個組織、永久改變企業文化的方法。《由內而外的影響力》在《快速轉型》的基礎上，做了些改進與升級，該書提出的方法論，是透過個人的領導力，影響組織其他員工跟著改變，進而把變革融入到企業文化裡。它側重於領導人和員工。然而，即使將兩本書的方法論合併應用，也不能保證組織在幾年之後，持續保持敏捷性和創新精神——它還需要另一個堅實的基礎。

關於本書

《向矽谷學敏捷創新》（*Going on Offense*）就是三腳凳的第三隻腳，讓我多年的努力得以完整，全方位提供組織實用、可行的轉型建議，協助它們獲得並保持曾被大家熟悉的矽谷心態，讓敏捷創新得以永續發展。有了這本書，企業得以持續地主動出擊、敏捷適應新環境、勇於將觸角拓展至新領域。影響所及，組織未來或許無須再來一次徹底轉型。

從二〇一五年開始，我網羅了十多位史丹佛大學的高材生，還有三位已經畢業的校友，協助我廣泛且詳盡地分析全球敏捷創新的頂尖公司。

根據針對六千八百七十三位全球高管、學者和消費者所做的調查，我們深入研究了二十六家公司與組織，包括亞馬遜、蘋果、特斯拉、微軟、超微、網路交友平台上市公司 Bumble、電商 Etsy、聯合利華、網飛、海爾、英特爾（Intel）、星展銀行、泰國開泰銀行（KBank）、星巴克、ZARA、SpaceX、耐吉、Next、巴諾連鎖書店（Barnes & Noble）、以及加州的聖塔克拉拉郡（Santa Clara County，我們唯一納入調查的公家機構）等等。其中一些是失敗的公司，例如百視達（Blockbuster）、博德斯集團（Borders）、柯達和諾基亞，透過個案分析，找出這些公司到底缺乏哪些特質，以致於無法成功轉型。我們也關注最近陷入困境的公司，例如派樂騰健身器材公司（Peloton）和臉書。這二十六家公司與組織的故事零星地貫穿於全書。

然而，本書的主要架構最後只大量引用其中五家企業的個案分析。本書比較了這五家企業文化的異同，有趣的是，恰恰反映這五家現任或前任領導人的風格：分別是蘋果的賈伯斯（Steve Jobs）、特斯拉的伊隆・馬斯克（Elon Musk）、亞馬遜的傑夫・貝佐斯（Jeff Bezos）、星巴克的霍華德・舒茲（Howard Schultz）和微軟的薩提亞・納德拉（Satya Nadella）。

我們根據自製的全球排名調查，選出全球永續創新前五強的公司作為主角。巧合的是，這五家公司在過去二十年的表現，明顯優於標普五百指數。儘管這些公司的領導人稱不上完美（馬斯克和賈伯斯陰晴不定、反覆無常，對同事很刻薄），然而我希望你能從每家公司的例子中得到實用可行的寶貴經驗。

值得注意的是，大多數被我們選中的公司遠離矽谷，其中一些甚至不是科技公司，但充分分享了將敏捷和永續創新列為最優先的心態。而且總部設於矽谷並不能保證擁有這種心態，比如臉書和谷歌等曾是矽谷縮影的模範公司，也在陷入困境時發現了這一點。此外，我們的研究對象，彼此可謂天差地別。我們在分析它們相異之處時，也關注它們的相似點，結果發現，**永續創新的組織習慣保持進攻——時時刻刻保持警覺，尋找創新和改進的機會**。它們已經養成了敏捷應變的企業文化。

你可能會懷疑這本書能否提供你方法，讓你的公司突飛猛進，達到和書中超級成功公司一樣的高度。但是我想強調的是，這不是本書的重點。重點是進步，而不是依樣畫葫蘆。事實上，全球九九%的公司都無法達到和蘋果、星巴克、特斯拉、微軟或亞馬遜一樣頂尖的成就。這也沒關係。無論你是一線基層員工、中階經理、高階主管還是執行長，**本書的目的是呈現永續創新的關鍵特徵，並提供你實用可行的方法**，讓你、你的組織或你所掌舵的領域能夠充分發揮潛力。**請記住，即使在敏捷應變和創新方面只取得一〇%或二〇%的進步，也會提高公司的底線（營收），並讓企業文化惠及公司的每一人。**

二十二歲那年，我拿到電腦科學碩士學位後，受雇於IBM，在研究中心任職。當時的工作是改進IBM的製造流程，我想到的點子雖與我的工作沒有直接關係，但多少與IBM的製造流程相關，公司可以輕易落實這辦法，還可省下數百萬美元。不過我的經理拒絕將我的想法上報給高層，他讓我坐下來，對我說：「貝南，IBM就像漂在河上的一塊大木頭，順著流速緩慢的水流而下。你和我就是這塊大木頭上的小螞蟻，我們只能勉強撐著活下去。」

你可以想像，二十二歲的年輕人聽到這個組織的真實情況時，心情愈來愈消沉。那成了我一生的轉捩點。我決定用我的人生幫人找到他們的能力，發揮所長。我決定協助多達一億人口賴以維生的組織與企業轉型，讓它們找到並發揮自身的力量。大多時候，偉大的想法需要偉大的舵手；小公司裡，每位小人物都有巨人般的影響力，但隨著公司擴張，這些小人物感到自己愈來愈不被看見，意見也愈來愈沒人理會。除非他們是直接的負責人，否則對公司面臨的挑戰，他們已是意興闌珊，少了當初的幹勁。這本書是我嘔心瀝血的結晶，希望能改變這個現象。

我想感謝的人

在你翻到下一頁（我希望你迫不及待地這麼做）之前，我想要感謝所有讓本書如願出版的人。首先，我要感謝妻子娜贊寧（Nazanin），在我構思這本書時，給予我堅定的支持和鼓勵，這麼多年的研究過程中她也一直陪著我，直到此書順利付梓出版。娜贊寧，沒有妳，這本書不會問世。

我還要感謝「國際專案管理學會」（Project Management Institute，PMI）的「光明線倡議」（Brightline Initiative），以及ＰＭＩ的領導人，特別是 Ricardo Vargas 和 Tahirou Assane。他們協助摘錄《快速轉型》和《由內而外的影響力》兩書的精華，濃縮成精簡版的小冊子——《轉型指南》（*The Transformation Compass*）。這兩位曾是我的學生，他們不僅熱心地廣傳這本書讓兩百萬名會員閱讀，還讓《經濟學人》報導這本書。他們兩人長期以來一直支持我的理念，我能在全球推廣我的論述與方式，他們功不可沒。

若非史丹佛大學設計學院畢業生娜蒂亞・穆夫提（Nadia Mufti）協助，我可能一開始就陷入困境，舉步維艱。她大力協助本書初期的研究和編碼。將創業思維另外列為一個類目，也是她的主意，對此我要致以謝意。還要感謝班尼・班納吉（Benny Banerjee），是他居中介紹我認識娜蒂亞。

我對由 Callie McKenna Rosenthal 帶領的史丹佛大學研究團隊讚不絕口，她在整個出書計畫中展現卓越的領導才能。感謝團隊的其他成員：Parker Thomas Kasiewicz、Parthav Shergill、Matthew Macario Yekell、Vivian Urness-Galindo 和 Lauren Taylor，他們各個都是頂尖的高手，為這本書貢獻甚多。此外，Andrew LaForge、Alex Avery、Tara Viswanathan、Toby Espinoza 和 Michael Terrell，也對這次的研究與稍早的作品出力甚多。我還要感謝 Bonnie Chan，她不僅協助我完成之前的工作，還幫助我和研究團隊保持專注力。

非常感謝 Thinkers50（被譽為管理界的奧斯卡）的共同創辦人、才華橫溢的 Stuart Crainer，他一開始曾就這項研究專訪我。他精闢的提問深化本書的內容。我還要感謝《羅特曼管理雜誌》（Rotman Management Magazine）的總編輯 Karen Christensen，感謝她持續跟進克萊納對我所做的專訪。[1]

非常感謝我出色的編輯 John Landry（曾任《哈佛商業評論》編輯），他認真研究我的初稿，並就內容和方向與我多次深入對談。我還要感謝出版商 Rohit Bhargava，他是 Ideapress 的共同創辦人，總是能提供我睿智的建議，也不吝於和他人分享我對這本書的熱情。

非常感謝有這榮幸與商界領袖密切合作，他們對我的人生產生深遠的影響。首先是已故的英特爾執行長安迪・葛洛夫（Andy Grove），他大膽給了我這個剛拿到博士學位、充滿活力與好奇心的社會新鮮人一次機會；因為他對我的信任，讓我在設計思考和敏捷開發這兩個領域打下堅實的基礎。他聘請我替英特爾分布在全球的七千名中高階主管進行培訓，精進產品開發創新和敏捷性。在那段經歷中，我了解到經營一個快節奏、信奉矽谷諸多文化價值觀的企業是什麼感覺，這些企業文化包括講究會議效率、決策過程、鼓勵暢言各種想法的建設性衝突等等。我在一九九〇年代末辭去英特爾的工作；葛洛夫二〇一六年去世後，英特爾慢慢變成官僚組織，它應該進行轉型，找回原本的根。

也許對我影響最大的企業領導人是大衛・豪斯（David House），他是英特爾的執行副總裁，他在一九九六年離開英特爾，成為海灣網路（Bay Networks）的董事長兼執行長。該公司在他掌舵下，躍升為矽谷史上最成功的轉型企業之一：營收飆漲二十倍，市值成長五倍，逼近一百億美元。他網羅我加入，在公司進行轉型期間，我基本上都在辦公室打地鋪。他是改變組織文化的大師，許多後來在矽谷成為領導人的狠角色都是他的徒弟：eBay 前營運長梅納德・韋伯（Maynard Webb）；曾在多家知名網路和電信公司擔任執行長的羅伊德・卡尼（Lloyd Carney）。合作與共事對象不乏市值超過一兆美元全球企業的執行長和高階經理，是我職業生涯的一大亮點。有了這些歷練，我對這些公司的轉型與快速成長有了深刻理解。在本書中，我討論了一些這樣的個案以及我所學到的寶貴經驗。我非常感謝有機會為它們的成功做出貢獻。

我還要感謝C. P.集團（譯注：台灣稱為卜蜂集團）執行長謝鎔仁（泰籍華人，泰文名蘇帕猜・謝拉瓦農〔Khun Suphachai Chearavanont〕），以及泰國開泰銀行（Kasikornbank，簡稱Kbank）的高層，包括榮譽董事長伍萬通（Khun Banthoon Lamsam）、執行長卡緹亞・英塔拉維采（Khun Kattiya Indaravijaya）和總裁帕查拉・薩馬拉帕（Khun Patchara Samalapa）。他們教會我如何在矽谷文化與致力於改善正職員工福利兩者之間取得平衡。我最自豪的經歷是與帕查拉合作，將一個擁有一萬兩千名員工的傳統零售企業，轉型為一個敏捷發揮矽谷數位文化的企業，不僅實現或超越了所有目標，並贏得許多獎項。

我還要感謝利豐集團（Li & Fung）的執行主席馮裕鈞先生（Spencer Fung），他一直是我在利豐製造、零售和金融部門進行轉型工程的強大支持者。特別感謝香港總部利豐集團前財務長林崇禮先生（Ed Lam），他因為成功結合《快速轉型》和《由內而外的影響力》提出的方法論，將其應用於市值一百八十億美元、在全球四十個國家營運的企業，而在二〇一七年抱回財經媒體The Asset年度最佳財務長獎。林崇禮目前是ＬＦＸ的創辦人兼執行長，致力於零售業的數位化轉型。腎臟科專科醫師彼得・伯特克（Dr. Peter Bertke）曾在史丹佛大學上過我開設的高階主管課程，他也在二〇一八年應用了這些概念，將瑞士最負盛名的私立醫院集團赫斯蘭登（Hirslanden）轉型為瑞士效率最高的急症醫護集團。他目前正在多家公立醫院施展他的魔法。

歐里奧・阿馬特教授（Professor Oriol Amat）曾是UPF巴塞隆納管理學院院長，也在二〇二〇年應用了這些方法改革管理學院，沒多久獲得了晉升；自此之後，他身為UPF的校長，一直成功地運用相同的技術。我們已經公開發表了幾個個案，大家可以透過歐洲個案交換中心（European Case Clearing House）查閱。

非常感謝佛農・歐文（Vernon Irvin），一位多次獲獎的執行長，也是我多次開心合作的朋友。兩人共同努力，在兩年內將威瑞信（Verisign）旗下最大部門從三・八億美元的失敗組織改造為敏捷、蓬勃發展的十億美元部門。我的摯友也是前客戶Faraj Aalaei，在我整個職業生涯中（包括這本書的創作過程），一直是我心靈與智識上的良師益友，他兩次成功領導矽谷公司初次公開上市（IPO）。最後，我要感謝推動聖塔克拉拉谷醫療中心（Santa Clara County）轉型的眾人，特別是執行長傑夫・史密斯（Jeff Smith）、Leslie Crowell、Megan Doyle、James Williams、Greta Hansen、Rene Santiago、Paul Lorenz、Sanjay Kurani、Cliff Wang，以及我有幸一起工作的眾多優秀領導人和個人。他們以及其他許多人提供我在公共部門應用專業知識的機會。自從我們攜手合作以來，我自豪地說，聖塔克拉拉谷醫療中心已經成為重大轉型的典範，在新冠肺炎大流行期間挽救了數以萬計的生命，並在各個部門降低了逾四・五億美元的成本，同時卻提高員工和病患的滿意度。深感自愧不如的是，許多與我共同努力推動改革的領導人目前都是聖塔克拉拉郡的高階主管。

現在你可以翻頁了⋯⋯。

第1章 看見挑戰

你在影音串流平台 Apple TV+ 上看過影集《末日光明》（See）嗎？故事發生在遙遠的未來，一個致命病毒毀滅人類很久之後，倖存的人失去視力，再也看不見。幾百年後的今天，視力被大家認為是不存在或已被遺忘的神話。但是，一對雙胞胎出生了，他們和祖先一樣能看見東西，結果成了部落其他人攻擊的目標，因為部落害怕雙胞胎的「看見」會招致厄運。

同理，許多領導人把大型企業可以轉型為永續創新企業的想法視為神話，猶如來自遙遠過去的虛構故事。即使是臉書和谷歌等曾在二〇〇〇年代敏捷應變的科技公司，如今也已褪去昔日令人讚歎的創新精神，變得黯淡無光。Opendoor 公司的共同創辦人 JD・羅斯（JD Ross）在推特上寫道：「谷歌最大的惡就是把二十二歲的優秀年輕人變得安於現狀，而非滿懷雄心、冀望有朝

一日能與谷歌一爭高下的創業人士。」特斯拉執行長馬斯克則在推特上回應道：「大多數科技大廠都變成了埋葬人才之地。」❷

無獨有偶地，二〇一三年微軟收購諾基亞後不久，諾基亞執行長史帝芬・艾洛普（Stephen Elop）在一場演講的尾聲表示：「我們沒有做錯任何事，但不知何故，我們輸了。」❸二〇〇七年蘋果加入手機市場之前，諾基亞曾是手機市場的霸主，被收購對諾基亞而言，的確是毀滅性的結局。諾基亞太過關注營運指標，加上未能進行企業文化轉型，又缺乏創新勇氣、打造深受客戶喜愛的產品，以致由盛而衰。換句話說，**世界變了，諾基亞卻沒有順勢改變**。這已是十年前的事了。當我在二〇二三年寫這本書的同時，人工智慧這個領域突飛猛進，讓許多市場再度經歷一次動盪與重新洗牌。敏捷與創新對企業而言，比以往任何時候都來得重要，但是對於安於現狀的巨擘而言，卻離這些特質愈來愈遠。

轉型成功的大型企業有哪些？

這就引出下一個問題：有哪一個大型企業能夠找到航向正確方向的方法，讓神話再次成真？

幾乎沒有任何一個高階主管會反對自己的公司變得敏捷創新——我將這定義為時刻保持警覺，重新設計並落實全新的作業流程、夥伴關係、產品、市場和服務，或是將現有的這一切加以改良升級。瞬息萬變的市場，**創新對於企業的成長至關重要。敏捷是快速因應機遇和威脅的必**

要條件。本書的敏捷並不是指軟體方法論（software methodology），不是如史帝夫．丹寧（Steve Denning）所言的「敏捷有時會成為建立血汗工廠的藉口。」[4]相反，我強調，敏捷首先必須是一種心態（mindset）；其次，敏捷是打造永續創新文化、快速因應變化的關鍵要素。因此，本書會交替使用「敏捷創新」和「永續創新」兩個詞。

有重重障礙不利創新。首先，重視官僚體制的企業必須面對二十世紀「成功觀」留下的影響（遺毒）。過去，這些企業以合理的價格大規模生產優質產品而獲得回報。它們雇用官僚實現這個目標，這是大家能理解的合理做法。影響所及，企業依賴可預測的行銷目標、重視漸進式成長，這兩點也不辱使命，讓管理層和華爾街投資人看到公司穩定成長，但卻犧牲了創新。公司放棄敏捷性，擁抱龐大、複雜的結構，猶如一艘大型遠洋輪船，無法靈活轉向。

除了規模和結構的複雜性慣於保持現狀，難以改變，第一，人類的天性也是改革的主要障礙。首先，我們習慣放棄自己的力量。在襁褓期間，完全依賴他人養育；長大成人後，仍未完全擺脫依賴。習慣了依賴，忍不住受誘惑想延續這種模式。我們習慣把自己的思考力交給閱讀的書籍和參加的講座；把道德規範交給宗教領袖；把飲食習慣交給醫生。[5]基本上，我們害怕自主思考。在職場，我們樂得把自主權或決定權交給層級分明的官僚體制，依賴一套穩定規律、可預測的標準程序和例行任務。

其次，自私與驕傲也是人類的天性。大多數大型公司的管理階層都有這樣的特質，所以偏好命令和控制的管理方式，以及重視如何維護自己的地盤和特權。

第三，當我們對某個計畫或策略方向投入大量的資源時，往往會堅持繼續既定的路線，拒絕改變。我們執著於「沉沒成本謬誤」（sunk cost fallacy），雖然放棄這項行動計畫，長期下來對財務是明智的。

最後，改革與轉型需要過人的決心，才能突破傳統的慣性思維與做法。敏捷和創新需要保持警覺性和變通能力，這需要身心付出巨大的努力。光是紙上談兵，就令人覺得精疲力竭。改變所需要的努力絕對超過大多數人願意投入的程度。

永續創新需要什麼條件？

綜合以上所述，你可能會得出這樣的結論：改造大公司幾乎是不可能的任務。市面出現一些書籍打包票保證，人性可以改變。這些書籍主張，我們可以拋開追逐個人私利的天性、放棄指揮——控制的管理結構，全心全意為投資人和消費者謀福利。

自從我在一九九〇年代中期開始投入教學和顧問工作以來，這種論調我已經聽了不下數十年。我住在矽谷，這裡標榜的各種口號充滿了技術樂觀主義論，顯示對大公司實際的運作方式無知卻還洋洋得意。儘管指揮——控制仍然居主導地位，但一些人士如傳教士般，積極鼓吹建立完全去中心化、強調個人自主性的烏托邦模式。現在這些人相信，新冠大流行病、大離職潮、不再賣命工作的「安靜辭職」（quiet quitting）等職場現象將成為企業的轉捩點，實現他們標榜的烏托邦願景。

這個願景不會出現。至少不是以他們標榜的方式。

但我向你保證，大公司轉型並非不可能實現的夢想。轉型確實很難——需要的遠不止執行長鼓舞人心的演說，或公司精心雕琢的口號，說服員工協助企業轉型。企業需要全方位的做法，包括建立紀律以及激發員工內在的情緒能量，始能在動盪時期持續保持成長。領導人必須放下個人私利，為更大的目標推動轉型。換言之，他們必須睜大眼睛，「看清」現狀不能再繼續下去。

諷刺的是，一個絕佳的轉型個案竟然來自遙遠的一九七七年。耐吉的首位行銷長羅伯·史崔瑟（Rob Strasser）對員工發布一份名為《原則》（Principles）的內部備忘錄。[6]在一頁的篇幅裡，他列出所有原則。這些原則並非出自耐吉當時實際的營運方式，而是基於史崔瑟的直覺，他認為這些原則應該成為指導耐吉思考和行動的方針。

原則

1. 我們要做的就是改變。
2. 我們一直在進攻。時時刻刻都不停止。
3. 結果至上，過程無須完美。打破成規：挑戰定律。

4. 這不僅僅是生意，也是一場戰役。
5. 不做任何假設。確保人人信守承諾。推自己一把，也推別人一把。超越現狀。
6. 更少的東西能做更多的事（回歸簡化）。
7. 達到目標之前絕不罷手。
8. 注意以下危險：
   - 官僚主義
   - 個人野心
   - 消耗能量的人vs.提供能量的人
   - 了解自己的弱點
   - 盤子裡不要放太多東西（避免分散注意力）。
9. 工作不會總是一帆風順。
10. 如果我們做正確的事，錢就會自動上門。

上述原則讓員工內心深處產生強烈的共鳴，它們強調內心感受在企業的轉型過程中有多重要。太多企管書籍的作者認為，我們可以忽視人類的天性；認為公司可以寄望員工放棄狹隘的個人私利，攜手為消費者和社會服務。但是如果你試圖削弱員工內心的某一種感受，就必須用另一種感受取而代之。否則，我們人類就會訴諸理性，看在穩定的份上，選擇講究規則與體制的官僚機構。

不妨翻翻多數頂尖公司的歷史，包括矽谷公司的發跡史，你會發現它們的創辦人（後來多半也是公司的領導人），鮮少是異常理性的人，雖然他們習慣這麼形容自己。他們希望你認為，他們有計畫地涉足某個市場，希望你清楚看到他們如何解決市場存在的問題，然後成功克服解決方案面臨的各種挑戰。這些描述當然有一定的真實性，但這些創辦人對事業投入的感情、各種稀奇古怪的癖性、甚至偶爾出現的極端行為，對他們的成功都至為重要。

賈伯斯是非常值得仿效與學習的榜樣，尤其是他第二次回鍋重掌蘋果公司時的表現。在他的第一個任期，他完全不符合成功執行長典型的特徵，亦即完全就是個反面教材。他粗魯、令人討厭、傲慢、自戀、偏執多疑。就連他的傳記作者華特．艾薩克森（Walter Isaacson）對他的描述雖不乏同情和理解，但仍堅定指出賈伯斯的一些負面特徵，稱：「在惡魔的驅使下，他可以把身邊的人推向憤怒和絕望……他的個性、熱情、設計的產品三者環環相扣。」

雖然賈伯斯是創建蘋果的元老之一，最後卻被他親自挑選的董事掃地出門，因為董事會認為他一意孤行讓蘋果陷入泥淖。然而，接替他的企業官僚雖然經驗豐富，卻無法重振蘋果營運，無奈之下，董事會只好請他回歸重掌蘋果。

賈伯斯在離開蘋果後，另行創立 Next 電腦公司，期間他經歷的痛苦和挑戰居然讓他一改之前的個性，變得更有同理心，同時繼續保有對事業的熱情和雄心。這位「新」賈伯斯更清楚自己要把蘋果帶往什麼方向。

賈伯斯一九九七年重返蘋果擔任執行長，此時蘋果瀕臨破產，賈伯斯必須做出攸關蘋果存亡的決策。他多管齊下著手改造公司：徹底改組董事會；對前任執行長投資數百萬美元開發的產品和專案喊卡。這一次，這些改變奏效。蘋果推出令人讚歎的創新產品，滿足客戶從未想過的需求。賈伯斯在二〇一一年年卸任執行長時，蘋果已成為全球市值最大的公司，十二年後的今天，這個地位依然屹立不搖。

熱情、活力、執著、雄心等內心感受是讓蘋果脫穎而出的重要因素，而這絕非偶然。建立一個不斷創新的公司，無論是讓原本的官僚機構轉型，還是從零開始，都需要付出巨大努力，而且也相當冒險，畢竟許多努力最後恐付諸流水。如果你有能力、高度理性、偏好穩定的工作，最好加入成熟、層級分明的公司。如果你內心深處有一股強大的驅力，想要創立一家公司，滿足市場上目前尚未得到滿足的需求，既可實現你的願景，又可擺脫上級的指揮與駕馭，那麼你應該選擇一家敏捷、追求創新的公司。這一點很重要，因為在公司起步維艱的階段，你除了要保持超強的理性，還需要動用所有的情緒能量，支撐你自己以及你的公司。

永續創新所需的八大致勝心態

根據我的經驗，加上我透過個人龐大的專業網絡所進行的廣泛訪談和調查，我找出了大公司領導階層與員工需要具備的三十七種特質，以利實現永續創新。為了驗證我的直覺性看法是否在現實世界中站得住腳，我組織了一支十多人的團隊，成員包括史丹佛碩士班的在學生與畢業生、擁有博士學位的研究員以及《哈佛商業評論》一位前編輯。我們選出五十二家公司，它們在二〇〇六至二〇二二年期間，要嘛出現高成長或穩定成長、要嘛出現大幅衰退。這十六年涵蓋了多個重要時期：經濟衰退前、重大金融危機、危機後的成長期、新冠疫情前、新冠疫情期間和新冠疫情後。

研究團隊針對六千八百七十三名全球高階主管管、學者和消費者進行調查後，將名單砍半，從五十二家公司縮減到二十六家，並且將這些公司的敏捷性與創新程度分為高、中、低三個等級。然後我們從公開出版的文章和書籍收集有關這些公司的中肯描述。此外，我們還一一採訪了這二十六家公司的經理和員工。最後，我們根據這三十七個關鍵特質，針對多達數千頁的數據進行編碼。

然後我們進行回歸（regression）、成對和聚類（cluster）分析，確定哪些因素造成有些組織表現最佳、有些組織表現墊底。為了驗證回歸、成對和聚類分析得出的結果站得住腳，我請另一個團隊應用我的博士論文指導教授凱瑟琳·艾森哈特（Kathleen Eisenhardt）設計的研究方法——

多個個案理論建立（multi-case theory building）。這種研究方法的第一步是選擇一個你要研究的驅動因素（driver），比如速戰速決的決策模式。接著深入研究其中一個個案，解釋該組織之所以採用速決模式的原因。然後，深入研究第二個個案，接著是第三個，依此類推，對每家公司都進行個案研究。一旦找出每個個案速決的原因，接著你得找出它們之間的共通性。也許你發現幾個個案之間存在明顯的重疊。但你仍得找出一個能滿足所有個案的解釋。為此，必須進一步去蕪存菁，摘出重點（level of abstraction），亦即反覆精簡複雜的解釋，直到得出一體適用的答案。

和任何一個研究一樣，分類時，各類別之間的界線可能不是那麼涇渭分明。我們對八家公司的管理階層進行實測，結果每個類別都是完整的，只不過我們調整了對這些類別的措辭，確保我們的描述能夠如實反映各類別的獨特性。

本書詳細闡述**推動組織轉型的驅動因素，以及它們如何協助組織落實轉型**。本書一開始以存在主義揭開序幕，這裡的存在主義不是一種哲學思維，而是矢志不渝堅守組織存在意義與目的的心態，這種心態為員工提供公司存在的理由以及做決策時指引方向的北極星。這種對公司存在意義的熱情與堅持，往往會讓員工積極地關注客戶（customer obsession），諸如根據客戶提出的具體要求做出因應；或是站在客戶角度，設想客戶看重哪些服務與產品。這種關注客戶的積極態度是實現公司存在意義與目的的最佳途徑。

這兩個因素（**堅守組織的存在意義**、**對顧客著魔**）會催生**比馬龍效應**（Pygmalion effect，編按：心理學現象，希臘神話中比馬龍愛上自己的雕刻石像，後喻為自我預言實現），即領導人會影響公司裡的大多數人，讓他們接受公司的存在意義以及積極滿足顧客需求的心態。這一點是核心中的核心，因為光靠一個領導人，無法直接影響夠多的人，連帶難以帶領組織克服實現創新所面臨的諸多挑戰。身為領導人，你需要營造一種文化，能激勵員工成為你預期的理想模樣，就像希臘神話裡的雕塑家比馬龍巧手塑造未來的配偶。

除了上述兩個要素，我還增加了創業心態，這讓公司（尤其是領導階層）可暫時擱置傳統上以盈利為主的盤算，全力以赴為上述目標而努力。公司的創始人可能早已退休或辭世，但當前的領導人必須有先人的創業精神，在追求目標時，表現得像有使命感的傳教士，而非只在意金錢利益的傭兵。

組織需要為這樣的創業心態保存能量。亦即必須**掌握改革節奏**，採取下一步行動之前，切忌倉促行事，而是慎重地做好準備工作，然後在機會出現時，果斷地抓住。除了掌握節奏，保存能量也代表採取**雙模式運作**，讓其中一部分組織逐步改進現有作業，另一部分組織則嘗試（或實驗）新的做法；這兩種模式對於企業長期保持競爭力至為重要。這裡也再一次凸顯出，組織需要打破人類的慣性——以同樣的速度和創造力處理所有任務。

不靠理性的指令，而是仰賴目的、心態和文化等驅力，激發員工**大膽前進**的熱情。這種熱情激勵員工努力不懈，克服無處不在的誘惑，這些誘惑包括：看重沉沒成本，因而捨不得放手或改變；追求看似輕鬆且能夠迅速獲利的成長機會，結果讓品質受損。

這種大膽果斷的態度也會促進**跨界合作**（**radical collaboration**），員工因為滿懷熱情，勇於走出自己的孤島，跨界與他人合作。平凡、理性的人更習慣與自己熟悉的人共事。但追求永續創新的公司會克服這樣的天性。

為了實現敏捷性和永續創新，公司不能僅依賴製造急迫感或是反覆傳達公司設定的目標；領導人也必須深入挖掘問題，從領導人本身乃至於整家公司都應該全力貫徹一套嚴謹的作業流程。企業轉型需要不容妥協的紀律，**紀律需要勇氣與韌性，而勇氣與韌性只能靠內心深處強烈的感情共鳴支撐**。

上述八大特徵大致解釋了我們的研究對象裡，被歸類為高度創新的企業為何能交出耀眼成績。雖然這八點並非全部的原因。但是若部分或全部的要素從某公司消失，該公司也跟著陷入困境，可見這八大特徵確實扮演著關鍵的角色。

永續創新還需要另外六個特質

儘管如此，我們的研究與分析還發現了其他六個能與永續創新相關的特質。這六個特質會程度不一地散見在接下來的八章裡。

第一個特質是**全體敏捷化（meta-agile）**，亦即能夠迅速改變觀點，從全景視角切換到關注細節的微距特寫，並且根據需要迅速做到切換。羅莎貝絲・摩斯・康特（Rosabeth Moss Kanter）發表在《哈佛商業評論》的一篇文章中，將這兩種截然不同的視角稱為「拉遠全景」（zoom out）和「拉近特寫」（zoom in）。❼ Meta 指的是公司全體，上至領導階層下至員工，對任何問題都有綜觀全局的能力。這等於是賦權（empower）給所有人（不管他們的位階高低），鼓勵他們遠離瑣碎細節，深入了解公司營運的全貌。這樣的環境能讓公司上下每個人都覺得自己與公司的目標息息相關，亦即每個人都是公司重要的一份子，這給了員工努力實現使命的誘因。反之，公司若將全貌切割成數個小景，最後領導人將變成控制型和強調戰術的領導人，員工則只是機器裡的一個齒輪。

至於全體敏捷化的敏捷部分，指的是視角與格局能夠輕鬆地從全景切換到細節，確保自己能完整看清近在眼前的機會或威脅，連帶地，能更敏捷地做出調整，因應各種不確定性。舉例而言，落實敏捷化的公司，可以順著情勢變化，例如新冠疫情，迅速調整員工的工作模式，把在辦公室上班改成在家遠距上班。反觀不重視敏捷化的公司，不會鼓勵員工主動提出解決方案，即使看到了解決辦法，也會打壓。這類公司的領導人多半只會耍政治手段，說些明哲保身的話，避免一切可能讓自己陷入麻煩的事。

另一個特質是**第一性原理（first principles）**，這是一種思維模式，需要你不停地質疑假設，直到看透一個情況的本質（真理）。你不斷提出的問題包括：（一）我為什麼相信這個假設？（二）反駁這個假設的論點是什麼？（三）我如何證明我的假設為真？（四）如果我錯了，堅持這種假設會有什麼後果？最後你將可擺脫阻礙創新的假設。

《原子習慣》（*Atomic Habits*）的作者詹姆斯．克利爾（James Clear）在一篇文章中就這一個特質舉了一個極具說服力的例子，敘述伊隆．馬斯克（Elon Musk）如何實現將第一枚火箭送上火星的目標。他寫道：「馬斯克一開始就遇到重大難關……〔當他〕發現購買火箭的成本竟是天文數字，高達六千五百萬美元。」馬斯克決定用第一性原理重新思考這個問題。他反問自己，為什麼要購買火箭？他能自己製造一枚火箭嗎？他拆解製作火箭需要的所有材料，發現「只需一般〔火箭〕價格的二%」就能買到這些材料。然後他對自己製造火箭的可行性提出質疑，結果SpaceX公司應運而生。透過創新，該公司在幾年內「將發射火箭的成本降低了十倍，同時還能獲利。」[8]

接下來一個特質是**忘記所學（unlearning）和重構（reconfiguring）**你用以理解周遭世界的思考框架（mental constructs）。「目標成真」公司（Causeit, Inc.）團隊和「轉換思維」（Shift Thinking）創辦人馬克．邦切克（Mark Bonchek）合力撰寫了一篇文章〈忘記既有的思考模式〉（Unlearning Mental Models），提醒大家：「思考模式可能難以察覺，因為它們通常是不自覺的，深藏在我們習慣的做事方式裡，因此也難以改變。」他們提出三步驟的因應辦法。首先，你必須「知道自己的思考模式已漸漸過時。」第二，你必須能區分舊思考模式和你希望採用的新思考模式之別。第三，「僅僅告訴大家新的〔思考模式〕更好是不夠的」，你還必須讓公司的其他成員理解與接受它。邦切克等人建議使用「大家熟悉的事物作為銜接新舊模式之間的橋梁」。他們以亨利．福特為例，指出福特一開始將汽車稱為「沒有馬拉的馬車」（horseless carriage），希望用馬車這個大家熟習的東西幫助消費者的思維接軌到不熟悉的汽車一詞。[9]哥倫比亞大學商學院教授麗塔・岡瑟・麥格拉斯（Rita Gunther McGrath）補充說，要想在當今世界保持競爭力，就必須不斷地忘記所學以及重構思考框架。[10]

對於下一個特質，我用**減法**（**subtraction**）這個易懂的簡化說法。隨著企業持續擴大規模，疊床架屋與繁文縟節成了常態，減法正是對症下藥的解毒劑。員工人數增加，代表需要更多的協調，連帶增加出錯的可能性，影響所及，風險也跟著上升。為了防範這個可能性，管理階層設計了標準化的作業流程和程序、制定規則和限制、守門員和審計員負責監督查核、以及次數與人數有增無減的會議，目的是確保大家的行動與想法一致。

新增的工作與負擔會耗盡上下游整個工作隊伍的精力。為了證明這現象，史丹佛大學教授巴巴・席夫（Baba Shiv）做了一個有趣的實驗：他隨機選擇了兩組人，要求第一組記住一個兩位數的數字，第二組則要記住一個七位數的數字。基本上，第二組的認知負擔比第一組更大。然後，兩組人都聚到走廊上，走廊的桌子上擺著巧克力蛋糕、水果沙拉兩種點心。令人驚訝的是，第二組人選擇蛋糕的機率是第一組的兩倍。水果沙拉代表正確（健康）的決定；蛋糕代表錯誤（不健康）的決定。席夫教授得出結論：當認知負荷過重時，人沒有足夠的能量做出正確的決定。簡而言之，腦力負荷會影響意志力。[11]

為了減輕認知負擔，進而提升決策成效，最優秀的領導者會積極對抗「加法病」。減法是他們常常掛在嘴邊的口頭禪，他們會不斷追問：「什麼是必要的？哪些可以刪除？三十份報告能否減到四份？如果參加專案會議的人數太多，能否縮小參與該專案的人數？小組必須每週開會嗎？

會議時間能否從一個小時縮短到三十分鐘？」精簡可以釋放出更多腦力，進而提高工作效率。

說來諷刺，下一個特質是允許**可控的混亂**（**controlled chaos**）。與之對比的是一致性（conformity），不一樣的聲音與見解會被扼殺，以便每個人步調一致，跟著同樣的旋律與節奏前進，這會導致威權文化。反之，若公司允許可控的混亂，在這情況下，有些做法也許不合常規，並偏好大膽冒險、快速評估風險與淘汰失敗的計畫，無畏地朝著更好的新方向前進，

二〇二一年十二月，大型對沖基金城堡投資公司（Citadel）的執行長肯．格里芬（Ken Griffin）受訪時，憶及通用電氣（GE，又譯奇異家電）全盛時期的傳奇領導人傑克．威爾許（Jack Welch）如何一連收購了數十家公司，其中有成功的，也有搖搖欲墜的。威爾許直言，經營一家成功厲害的公司就像駕駛一輛一級方程式賽車，以高達二三〇英里（三五四公里）的時速奔馳在直行的賽道上，然後在轉彎時猛踩剎車，車身打滑，差點撞壁，但在最後一刻回正，順利過彎道，接著再次踩下油門衝刺。這個畫面傳神地呈現何謂可控的混亂。威爾許又用另一種駕駛比喻經營一家搖搖欲墜公司的感受，稱：「想像在德州一個天晴的日子，你開著一輛凱迪拉克，以五十五英里（八十八公里）的時速行駛在高速公路上，一邊開車一邊聽著約翰．丹佛（John Denver）的音樂。」[12]

最後一個特質是**提出異議與承擔責任**（**disagree and commit**），係由可控的混亂中遍存的異議與反骨衍生而來。這個特質一開始是英特爾的主張，後來受到亞馬遜重用。它需要一個能讓員工放心表達懷疑與反對意見的空間，如果你的公司擁有這樣的環境，那麼員工就可以針對某個

問題暢所欲言。假設你的提議立刻被上司否決，這不代表已無轉圜餘地，而是觸發你暢所欲言的信號，代表你應該有禮地提出異議與反駁。正如亞馬遜高層主管馬克・施瓦茲（Mark Schwartz）所言：「提出異議不代表表現得像個混蛋，而是提出有力的論點，盡可能使用數據支持你的觀點。」提出異議還包括換位思考，理解提議者面臨的疑慮和責任。此外，如果公司支持員工發表不同的意見，那麼**「如果你不同意某件事，你就有責任力陳自己的主張。」**⓭

你力陳自己的主張後，上司可能同意，雙方達成妥協；或者可能被上司斷然拒絕。不論結果如何，你都是這個過程的積極參與者。你全力為自己的主張負責，並向其他人力陳自己的看法。「提出異議與承擔責任」的第二部分和第一部分一樣重要：正如施瓦茲所言，「你對這個決定有責任（不論結果如何）。你不能以被動的方式表達不滿與反感，或者事後說『我早就告訴你了』的態度。你必須對最終的決定負責，即使這可能不是你一開始想要的結果。」這一個特質有兩個重要功能：一，讓最佳解決方案浮出檯面；二，確保每個人都會支持它。

如何閱讀本書

為了能讓你以最短時間高效地閱讀本書，我在這第1章摘錄了接下來九章的精華。你可以選擇性地閱讀，只挑你感興趣的部分，或是從頭到尾讀完整本書。

接下來的八章分別詳述上述八個要素，但順序有所不同，我相信這樣的安排最能引起讀者的共鳴。我根據研究，將本書分為三大部分：慷慨、奮進和勇敢。緊接著第1章緒論之後，我們將進入「慷慨」部分（第2章至第4章）。第2章探討存在主義，我認為透過它才能真正地實踐工作的意義與重要性。在今天這個時代，企業使命或企業宗旨已成為一種潮流，但所謂使命或宗旨往往以一種軟性、流於口號的方式（像公關活動一樣）被宣傳鼓吹，目的是讓員工在日復一日的作業中找到工作的意義。這本無可厚非，但我用「存在主義」一詞來傳達轉型所需的嚴肅承諾與努力。公司不是人，但它們需要一個強大的存在理由，才能為實現永續創新而付出更多的努力。企業必須毫不保留地慷慨付出與投入，以具體的作為影響進而改善這個世界。

第3章「對顧客著魔」的重點是透過積極關注客戶的需求展現公司的慷慨面，但也許與你預期的有出入。是的，有些公司非常重視客戶的需求，因此會依賴市場數據決定大部分的產品和服務。這種依賴關係需要密切傾聽客戶的回饋，然後迅速做出回應，等於是雙方攜手「共創」（cocreation），推出成功的產品與服務。但積極關注客戶的需求也可以有另外一種型式——感同身受的想像力（empathetic imagination）。這種方法不涉及回饋，甚至不須諮詢客戶的看法，因為客戶可能只會建議改進他們目前使用的產品與服務。其實，感同身受的想像力要求公司必須深入想像客戶的潛在需求，然後努力實現它們，就像蘋果公司推出 iPhone 和亨利．福特（Henry Ford）推出T型車一樣。

第4章「比馬龍效應」則是把比馬龍效應應用到公司。就像希臘神話的雕塑家比馬龍一樣，領導者必須塑造強大的企業文化，讓公司上下都感受到領導人致力履行慷慨的承諾。大多數公司的規模都過大，對於公司存在的意義，難以冀望員工做到與管理高層一樣地全力以赴。但不同於其他作者的看法，我認為比馬龍效應側重的不是溝通也不是宣傳，而是選擇和信任：挑選出願意全力以赴實現公司存在宗旨的人，信任他們有能力履行目標，並慷慨地勸退拒絕與公司目標同行的人。為了與道不同不相為謀的人和平分手，可以採取一對一指導，循循善誘以及績效考核等方式。比馬龍效應的本意是打造一個志同道合、願意攜手合作，實現共同目標的團體。

接下來是第II部「奮進」（第5章至第7章）。企業做出履行慷慨的承諾後，積極地將其應用到現實世界。第II部從第5章的「創業心態」開始。為了履行這些承諾，公司至少需要將部分員工從一開始為錢賣命的傭兵，搖身變為為使命奮鬥的傳教士。公司需要一批核心團隊（很可能位居管理層），他們得承擔實現這些目標的責任。他們的心態猶如在一家新創公司，對目標充滿熱情，壓抑工作無非就是為了錢以及舒適生活的傳統想法，更看重符合公司存在意義的正確行動。在他們的想法裡，真理和速度更重要，而非便利。他們認為，只要專注力和強度拿捏得宜，利潤遲早會出現，他們通常是對的。這種心態對組織的其他成員發揮了具體的約束力。

但這不代表得一直全力奮進。第6章介紹了「如何掌握改革節奏」，因此當你最需要能量的時候能集中能量一鼓作氣。大多數公司會自動或被動地一直保持相同的速度前進，但有些機遇或威脅迫在眉睫，只有做好準備，能立即加快步伐的公司才能應變。就像野生的獅子，大部分時間行動緩慢，目的是蓄積能量。這種準備狀態不僅需要明確的目標和紀律，讓員工時時保持在狀況內，清楚自己為何而戰。它還需要結合牢逸、鬆弛有據的敏捷節奏，以便員工蓄積能量。

第7章「雙模式運作」繼續闡述這一點，介紹企業如何進行雙模運作。即使在破壞式創新的時代，成功需要的不僅僅是令人讚歎的創新，還必須將創意商業化，並不斷改進現有產品。類似於節奏管理，公司需要在兩種模式下運轉：一種是穩定的漸進模式；另一種是反覆測試、快速改進的敏捷模式。通常情況下，公司有些部門會針對熟悉穩定的作業與任務進行精實或壓縮，以降低成本；然而有些部門看重的是創造力，不斷地開發新產品和服務。兩者之別的關鍵是意圖；領導人需要確保創意領域裡擁有全神貫注、多元化的團隊，不受常規和慣例的限制與壓力影響。

第Ⅲ部分，也是最後一部分，講的是「勇敢」（第8章和第9章），強調上述一切都需要膽量，不能光靠行動的意願。第8章「大膽前進」倡議大膽行動，善用信守承諾和奮進心孕育的躁動能量，大步前進。領導人需要鼓勵這股躁動，同時也要引導它到有建設性的目標上。有時，這代表即使目前的產品非常成功，也要繼續投資重要的創新，一如電商巨擘亞馬遜持續精進「亞馬遜雲端運算服務」（AWS）。此外，這也可能代表勇於冒險嘗試有風險的倡議，但必須符合公司承諾的存在意義，就像交友軟體 Bumble 進軍印度的初衷。再者，它甚至可能意味為了維持品質，不惜縮減某個倡議的規模。大膽是一股力量，能克服憂慮與不安，謹慎至上的傳統公司往往因為擔憂而裹足不前。不過若要釋放員工的膽識與勇氣，管理層必須打造一個讓人安心與放心的環境。[14]

第9章「跨界合作」深入探討一個大家都熟悉的挑戰——跨部門通力合作（radical collaboration），公司必須打破層級分明的制度，提供專案所需的一切協助。如何鼓勵大家勇敢地走出自己舒適的小組和團隊？公司會提醒全體員工，不允許搞小圈圈，不過知易行難，各自為政、缺乏溝通的小圈圈現象（亦稱穀倉現象）卻是公司的常態。重要的是可在哪些領域允許小圈圈或穀倉的存在，因為這會決定合作的可能性。此外，選擇在哪些領域允許小圈子各自為政，端視你的策略而定，你重視快速回應客戶的需求？還是強調徹頭徹尾的創新？

最後一章第10章「歸納與總結」透過延伸個案研究將三個部分串在一起。本書的個案以矽谷的科技公司為主，也包括在其他高科技領域的類似公司。但第10章深入分析了一個低科技公司——星巴克。本章還探討了老牌公司可採取哪些實際做法，以及如何利用這些元素產生的能量一步步完成轉型。

我輔導過一百多家公部門與民間組織進行轉型，我目睹傳統產業裡一些普通公司一百八十度轉型，徹底改變營運方式。它們展開強有力的行動，全體員工由上至下不分階層，熱情響應，最後不管是敏捷性還是創新能力都大幅提升，達到鮮少人認為可企及的水準。他們大多數都是成熟的老字號公司，而非新創企業，也並非一夜之間成功轉型。但是它們透過我在本書中提出的方法有系統地進行改革，成功擺脫舊習慣，建立了有助於成功轉型的思維與心態。

親愛的讀者，你也即將踏上一樣的轉型之旅，但正如我所言，這並不容易。你研讀各章時，可能會發現自己孤軍奮戰，心想要多亦步亦趨地奉行這些原則才能成功轉型？《巴倫週刊》（*Barron's*）在一九九九年以封面故事《亞馬遜．炸彈》唱衰亞馬遜，報導稱創辦人傑夫．貝佐斯（Jeff Bezos）是注定要失敗的企業家，不過貝佐斯在該報導出刊的第十週年，道出支撐他擺脫被唱衰魔咒的睿智建言。

他在推特上（現已改名X）寫道：「傾聽並保持開放的心態，但不要讓任何人告訴你『你是誰』」，這篇報導只是唱衰我們的眾多故事之一。」⓯今天，亞馬遜是全世界最成功的公司之一，並徹底改寫了兩個完全不同的服務業：購物與網路服務。

如果你保持開放的心態和胸襟，本書接下來的內容將讓你受益匪淺。

IN A WOBBLY WEEK, THE DOW DECLINES MORE THAN 2%: PAGE MW3

ALAN ABELSON •3
Some telltale signs that the market's in trouble

RARE COMMENT •10
Icahn sees stocks heading for a slide

ON THE RUNWAY •20
Lockheed looks poised for liftoff

BARRON'S

THE DOW JONES BUSINESS AND FINANCIAL WEEKLY

MAY 31, 1999 $3.00

AMAZON.BOMB

THE IDEA THAT AMAZON CEO JEFF BEZOS has pioneered a new business paradigm is silly. He's just another middleman, and the stock market is beginning to catch on to that fact. The real winners on the 'Net will be firms that sell their own products directly to consumers. Just look at what's happening at Sony, Dell and Bertelsmann.

第Ⅰ部

慷慨

第2章 堅守組織的存在意義

對於像我們這樣渺小的生物而言，宇宙的浩瀚，唯有愛才能承受。

——卡爾．薩根（Carl Sagan），美國天文學家

如果一個人知道為什麼而活，不管用什麼方式活著，幾乎能承受一切。

——尼采（Friedrich Nietzsche），德國哲學家

微軟（Microsoft）陷入了僵局。當時是二〇一四年，這家曾經稱霸市場多年的科技公司漸漸被其他公司超越，被狠甩在後頭。時間回到一九九〇年代，微軟憑著個人電腦的視窗作業系統（Windows）以及 Office 文書處理軟體獨占鰲頭，不僅獲利驚人，也稱霸市場的占有率。它的主導地位很快擴及至企業伺服器市場。只不過才二十多年，它就漸漸落居下風，輸給年輕而富有進取精神的科技公司，如亞馬遜、谷歌、以及浴火重生的蘋果。

Windows 作業系統與 Office 文書處理軟體仍繼續為微軟賺錢，但微軟的市值自二〇〇一年以來幾乎沒有什麼變動，而市值是投資人認為公司能更上一層樓的指標。微軟抱著「大到不會倒」的心態，所以它對網路搜索引擎 Bing 和手機 Windows Phone 的研發與投資雖然慘遭滑鐵盧，並未太在意。面對瞬息萬變的市場，它缺乏敏捷性和創新精神，繼續抱著會下蛋的金雞母不放，努力捍衛既有的江山地盤，白白浪費了它豐富的資源以及市場知名度的巨大優勢。

時間回到一九九七年。當時微軟經理對一種能儲存和顯示書面文字的設備（亦即現在大家熟悉的電子閱讀器）產生興趣。但是更高層的主管否決了這項產品，因為它無法保證能像 Office 或 Windows 在市場掀起旋風。微軟高層最後決定把研發團隊併入編制更大的 Office 部門。研發工程師不得不集中精力肩負該單位的盈虧，而非全心打造革命性的產品。最後只為 Office 產品開發了簡單的內建電子閱讀應用程式，而且沒多久便銷聲匿跡。十年後（二〇〇七年），亞馬遜推出 Kindle，旋即在電子閱讀器市場取得主導地位。

微軟缺乏激發全體員工熱情與幹勁的願景，因此各部門專注於維護現有產品的續航力和賺錢能力，導致才華洋溢的開發工程師不敢放手一搏追求能夠改變大局的機會。當公司的確進軍新的領域時，例如仿效蘋果，推出 Windows Phone，卻沒有令人眼睛一亮的獨特創新。

面臨緩慢但不斷走下坡的危機，微軟董事會在二〇一四年網羅薩蒂亞．納德拉（Satya Nadella）接替即將退休的史蒂夫．鮑爾默（Steve Ballmer）。納德拉提出簡單的解決方案：「重新找回微軟的靈魂，我們存在的理由。」

當時，微軟已非常接近自己設定的目標，亦即「每張辦公桌和每個家庭都有一台使用微軟軟體的個人電腦。」所以納德拉與同事重新調整了公司的方向，把使命改為「賦權地球上每一個人和每一個組織，協助他們獲得更多的成就。」畢竟，微軟的實力領先同業，能夠同時滿足全球不同地區的個體用戶和企業用戶的各種需求，並且能在不同的需求間找到協調性。之前的目標側重於生產品牌商品以及提高市占率。新的目標則是更高層次的願景，希望微軟產品成為協助個人和組織改善世界的工具。

正如納德拉所指，微軟在「滿足個人和組織用戶的需求方面有著與眾不同的協調能力。這個實力深嵌在我們的ＤＮＡ裡。」但他補充道：「我們也非常重視如何將產品與服務推廣至全球，對地球各個角落的生活和組織發揮積極影響力。」之前的目標放在微軟的產品以及努力讓它們熱賣。新的使命關注這些產品如何能為世界做出貢獻，讓世界變得更美好。不可否認，這個改變是向更深層次的意義靠攏。

不過納德拉不僅關注公司的發展策略，他還懷抱更大的願景。他看到人工智慧、虛擬實境和量子運算等「最具翻轉力的技術浪潮」紛紛出現。他認為，人、組織和社會必須轉型，必須「煥然一新」，而他希望微軟在這一個過程中能發揮功能。他引用奧地利神秘主義詩人萊納·瑪利亞·里爾克（Rainer Maria Rilke）的一句話：「未來進入我們，為的是先在我們身心裡進行蛻變，好一陣子之後，它才能真的開花結果。」激勵納德拉向前的動力是一起共好的同理心，希望打造賦權他人的產品，協助成就他們。

納德拉擺脫以產品為中心的思維，為創新打開新的途徑。曾經被避而不談的合作機會以及被冷落的新專案，現在起死回生，有了名正言順繼續下去的理由。例如微軟為蘋果的產品開發應用程式，擁抱 Linux 等競爭對手的作業系統，並全力支持虛擬實境和人工智慧等開創性技術。八年後，微軟的市值從三千七百二十億美元飆升至近兩兆美元。⓰在重新定位公司的存在意義與願景後，微軟的市值飆漲了五倍之多。⓱

目的應該有存在意義

第2章介紹轉型成為永續創新企業的基礎。永續創新是艱鉅的工程，唯有積極的動機才能激發維持長期續航力的能量和熱情，因此這項工程的首要條件是慷慨的精神。

就像許多大型企業／組織一樣，微軟受到自身成功之害。它積極把握最初的機遇，成功開發出一個全新且迅速成長的市場，不過一旦成為市場的巨擘，卻缺乏保持公司活力的「存在願景」（existential vision）。由於這個原因，這家軟體巨擘的員工各自為政，只考慮自己的優先要務，包括捍衛現有的產品和結構。微軟主宰個人電腦的軟體市場，但就在它日正當中之際，該市場已趨飽和，潛力成長股也開始轉向其他產品。由於缺乏新的目標，微軟只能固守既有的地盤。

但納德拉是特例——當時他領導伺服器和工具事業部，他效仿亞馬遜，成功將大部分業務轉移到雲端。這樣做等於是與個人電腦為主的作業環境分道揚鑣，這也是他一路獲晉升的重要原因之一。但是微軟其他事業單位仍停留在過去的視角。

上述案例有力地點出本書一個重點：**成功的大企業不可避免會抗拒永續創新所需付出的努力。畢竟它們已經建立了支撐業務成長與穩定獲利的結構，這些當然是值得自豪的成就，因此自然而然會抵制大膽、顛覆性的新嘗試。**若要改變現狀，它們需要的不僅僅是外界的批評，甚至也不只是看到其他公司急起直追、瓜分它們自己過去的榮耀與光環而已。其實，當公司仍相當賺錢時，轉型尤其困難。

這種情況下，常見的解決辦法是提出激勵人心的目標與目的，凝聚組織的向心力。領導人需要發表發表鼓舞人心的演說，或是設計能夠解決當前社會經濟問題的遠大計畫。但是，目標本身不足以讓大型組織改變它的基本價值觀。目標太容易被操弄，最後淪為「華而不實的口號」。企業需要更深入地思考存在的意義。

這時它們可以向歷史借鏡。西方社會從十九世紀開始出現一種普遍的困境。傳統的價值觀和方式逐漸失去對民眾的影響力，歐洲哲學家開始尋找可提供生活動力和方向的可靠來源，試圖在宗教以外的世俗基礎上，找到支撐人類生活的信仰和意義。

齊克果（Soren Kierkegaard）是最早提出見解的西方哲學家之一，他強調個人渴望透過不受束縛的內省和反思，探索生活的目的。尼采的觀點更前衛，他讚揚「意志的力量」（will to power），鼓勵個體超越重視社區、宗教和社會期望的傳統常規。而今我們可以透過內觀與內省，打造自己個人的生活目標。因為經濟進步已解決了許多生活上的老問題，所以之前指引我們方向的傳統框架已喪失充分激勵人心的動能。

在二十世紀，馬丁・海德格（Martin Heidegger）強調每位個體都有一套理解世界的參考框架（frame of reference），亦即每個人都有自己的獨特觀點，他認為個體並非只是以主觀視角觀察外在世界的旁觀者，還會積極參與。尚・保羅・沙特（Jean-Paul Sartre）則著重在個體的真實性（authenticity）：主張每個人都有絕對的自主性，一切行動都是出於自己的決定；此外，必須發展出符合自己獨特處境、以行動為導向的哲學觀點。

到了一九五〇年代，心理學家開始採用上述觀點，其中一些先驅是走過九死一生恐怖經歷的倖存者。維克多・弗蘭克（Viktor Frankl）躲過納粹集中營的死亡魔爪，他點出「人尋找生活意義」的重要性，強調每個人須擁有並實現自己看重的目標。他強調「高度心理學」（height psychology），而不是當時蔚為主流的「深度心理學」（depth psychology）。前者強調生活的意義，以便發揮自己的潛力，激勵自己更上一層樓；後者關注的則是潛意識裡不自覺的慾望或衝突。弗蘭克並未試圖解決這些困擾，而是希望每個人能喚醒與發揮沉睡的潛力與強項。

心理學家羅洛・梅（Rollo May）因為肺結核住進療養院，大病一場痊癒後，他鼓勵患者實現自我，超越只關注自己需求的自我中心主義。他發現許多人被焦慮壓得喘不過氣，但是發現自己與生俱來的生命價值後，有助於克服這些恐懼。他和弗蘭克都發現，選擇活出自己真正存在意義與目標的人，能夠喚起自我內在的力量，克服可怕的逆境。

歐文・亞隆（Irvin Yalom）將這些觀念應用到群體。他發現許多人與其他人合作一起追求共同目標時，參與程度更高，也更能發揮自己的能力，勝過自己一個人單打獨鬥。加入團體一起努力，有助他們找到生活的意義與目標。

但是若要團員合作無間，必須有人穿針引線，促進溝通與互動。這個人會鼓勵團員用心傾聽別人道出此時此刻大家面臨的現況。說到目的，重要的是大家需要有一個深入內心的堅定信念，它能激發積極面對生活的行動力。這些哲學思想家希望每個人都能根據自己獨特的個性和所處環境，制定或找到一個強大的目標，為自己的人生注入活力，而不是只會依循或承襲傳統的框架。

存在的目的要能激勵組織

公司雖然不是員工，但它們也需要類似的存在理由，喚起創新所需的動力。存在的理由提供公司前進的方向和動力。即便是在商品市場（commodity business，特徵是標準化大於差異化），公司也可以找到許多途徑實現敏捷創新。總之，公司需要一個存在的根本目的（理由），既能夠決定優先在哪些領域進行創新，又能團結員工，合力推動（或至少支持）針對創新所做的嘗試與實驗。

「我是誰，我的天命是什麼？」這不僅是組織層面的核心問題，也是個人層面的核心問題。這個問題的答案為所有活動打下基礎並指引方向。它激勵著員工想像組織可以成為什麼樣的組織。同時，它也激勵每個人參與轉型的過程，努力達到目標。

否則，任何轉型都將停滯不前，這是我從幾個失敗的專案中學到的心得與經驗。沒有人願意改變——而現在這個時代，企業必須採用新的方法，才能在二十一世紀成功出線。公司需要一個能服人的有力願景，提振士氣。只有堅定的目標才能讓員工願意犧牲一些個人的特權或福利。二〇一四年之前，微軟各單位的領導人可能在口頭上支持公司的價值觀與願景，但實際上更在意如何維持自己部門的獲利、預算和聲望。

因此需要存在感強烈、深刻銘記在心、充滿感情的承諾。這超越了當今對存在目的常流於膚淺、自我感覺良好的層次。公司為了提高在客戶或新聘員工心目中的聲譽，或是為了激勵員工更積極地投入工作，都會端出公司存在的目的與意義，但這不過是裝點門面而已。

存在的目的是堅固而深刻的，它彰顯公司的身份和存在的理由；它權衡各種利弊得失然後做出選擇；它忍痛捨掉有吸引力的機會和策略；它理應讓一些人離開。唯有對存在目的做出堅定、實質的承諾，才能逼迫公司擺脫固有的結構，邁向永續創新。唯有存在目的能激勵員工不畏艱苦，投入公司轉型的艱鉅工程。

承諾愈一絲不苟，遣詞用字就愈要謹慎斟酌，一旦決定遣詞用字，務必要從一而終。以免員工會認為公司願景可以根據當前的需要任意調整。

納德拉回憶道，將公司的使命、世界觀、雄心藍圖和企業文化濃縮在一張紙上，其實是相對容易的部分。較難的部分是克制微調遣詞用字的衝動。他說：「每次演講前，我忍不住想在這裡或那裡修改一兩個字，增加一行，總之就是想修補微調一下。然後有人會提醒我，**保持一致性比**

完美的表現更重要。」

納德拉認為，只有一絲不苟的承諾，才能克服微軟「我們vs.他們」、「你死我活」的對立文化。因此，他特別強調跨界合作，包括內部之間以及內外之間的合作，希望找到互利雙贏的解決方案：「我們與他們一起共好」。

憤世嫉俗的人認為，這個解決方案只是高調的空談，但納德拉堅持這個方向。他邀請支持這個願景的經理加入他的領導團隊。他沒有解雇那些唱反調的人，但他們很快意識到自己的未來在別處。影響所及，沒有把太多的時間消磨在企業內部的文化戰上。

存在目的要能具體可行

讓我們腳踏實地，言出必行。一家公司的存在目的必須具備足夠的份量與意義，不僅能帶動公司擴大規模、提供可行的營運模式，還能激勵廣大的員工積極參與。

以下一些公司的例子會貫穿全書被反覆引用。蘋果存在的目的是讓功能強大的技術易於使用，讓一般大眾也能操作自如，進而讓生活更便利。亞馬遜克服了傳統零售業諸多難以兩全的問題，讓購物盡可能方便。為舊金山灣區高危險和弱勢族群提供服務的非營利機構「聖塔克拉拉谷醫療中心」努力建立世界一流的病患照護和就醫流程，深受病患與病患家屬喜愛，也讓員工引以為榮。

這些都是會振奮人心的願景，但在行動方面卻不那麼明確具體。存在的願景（existential vision）通常是概念性的理想——是組織期望達到的最終狀態或境界，堪比指引方向的北極星。反觀企業存在的目標（existential goal）則是具體的目標，是實現企業願景的具體步驟——為了讓願景成為現實，必須指出一條路徑，讓大家知道需做出何種努力。核心價值（core values）是禁得起時間考驗的想法，能夠提供動能，支撐企業存在的願景與存在的目標。核心價值的內在本質是：不會被外在環境或瞬息萬變（來來去去）的慾望所影響。

微軟提供的實例顯示，上述所有元素（甚至是存在的願景），都可能隨著公司的發展與市場消長而出現改變，所以是該做些調整，制定新的存在願景。微軟一開始的企業存在目標，是公司才剛起步的時候制定的，那時微軟急於把握機會，拓展個人電腦市場，所以沒有費心制定願景。在實現那個令人刮目相看的目標之後，微軟找不到另一個同樣激勵人心的類似目標。因此，微軟需要的不僅是一個新目標，還需要一個核心願景，讓微軟能善用公司豐富的專業知識和資源因應新的挑戰。有了這個新願景，微軟制定了新的存在目標，包括開發以雲端平台為基礎的應用程式、追求永續發展、深耕數據分析和人工智慧。

在較不極端的情況下，公司仍然需要隨著時間不斷微調他們的願景、目標和價值觀。即使基本市場沒有變化，但若經濟狀況或公司所在的大環境（生態系統）出現變化，願景等元素可能還是得加以調整。目標所扮演的角色是將願景轉化為具體可行的行動計畫。相較於願景或價值觀，目標需要更頻繁且更大幅度地調整。

圖表 2-1：願景、目標、核心價值之比較表

	存在的願景（或北極星）	存在的目標	核心價值
定義	組織期望達到的最終狀態或境界。	具體目標——具體指出實現願景的一條路徑，讓大家知道需要努力精進哪些領域，以及忽略哪些領域。	禁得起時間考驗的想法，能夠提供動能，支撐企業存在的願景與存在的目標。核心價值的內在本質是：不會被外在環境或瞬息萬變（來來去去）的慾望所影響。
實例	亞馬遜：權衡與零售業相關的各種利弊得失，然後一一克服；地球上最重視客戶的公司；建立一個線上平台，讓消費者可以在這裡找到與買到他們想購買的任何東西。	• 這些領域的營收增加 X%。 • 這些領域的市占率增加 Y%。 • 這些領域的員工滿意度提高 Z%。	專注於顧客而非競爭對手；擁有對創新的熱情；重視高效營運；看長看遠。[18]

海爾：市場出現變化，目標也跟著改變

海爾集團（Haier）根據這些消長與變化，調整已經存在的願景，然後根據新願景制定具體可行的目標和價值觀。過去十年來，海爾是全球最大的家電製造商，主要生產家電和消費性電子商品。[19]儘管家電市場常處於飽和狀態，提供類似功能的品牌很多，因此家電這個產業臥虎藏龍，極具挑戰，但海爾一直能夠保持成長，也不斷追求創新。

海爾成立於一九八四年，當時創辦人張瑞敏接管了一家瀕臨倒閉的國有工廠，成立青島電冰箱總廠。透過與一家德國公司成立合資企業，張瑞敏對工廠進行了技術升級（並將工廠更名為海爾）。他提出製造優質、創新、現代化產品的大膽願景。最初的目標是「做精品，爭金牌」，指的是爭取中國「國家優質產品獎」，也如願在一九八八年摘下電冰箱金牌獎。可靠性和其他品質標章成為海爾追求的核心價值觀。

為了讓員工了解他對品質的承諾與堅持，張瑞敏借用誇張的戲劇表演方式。他召集員工，給他們一支大錘，讓他們砸碎七十六台有瑕疵的冰箱。此舉傳遞了一個震撼而明確的訊息——海爾將成為一家與眾不同的公司。[20]

這是海爾後來五階段發展過程的第一個階段，每個階段都有各自的具體目標。在第一階段，海爾正在打造品牌，因為對瑕疵的零容忍政策，讓海爾有別於其他重量不重質的競爭對手。海爾的願景是堅持生產高品質的冰箱，而非提高產量與壓低成本，滿足崛起的龐大國內市場。這個願

景讓公司上下遠離追逐產量犧牲品質的誘惑。

這招策略成功奏效，但海爾這樣一個走高檔路線的品牌，若只依賴電冰箱這麼一個產品，不可能維持永續發展。因此公司在一九九一年開始多元化經營，涉足其他家電產品。主要的做法是收購產品品質還不錯，但因為領導層管理不善而陷入困境的競爭對手，然後透過海爾的管理制度讓它們轉虧為盈。在第三階段，二○○一年中國加入世界貿易組織（World Trade Organization，WTO）後，海爾放眼海外，進一步發展成為一個全球的品牌商。海爾憑著這些優勢，順利打入具有嚴格進入標準的市場。

第四階段發生在二○○五年，適逢家電的電子商務崛起。隨著互聯網的普及，消費者獲得前所未有的選擇權，影響所及，海爾不僅只是大規模生產產品，而是轉向滿足消費者的個人偏好——這成為海爾新的存在目標。該公司調整了布局在全球的工廠作業，生產客製化產品，滿足各個市場的在地化需求。

面對這一個新挑戰與壓力，海爾的發展進入第五階段——即微型企業階段（microenterprises）。海爾當時的規模過於龐大，難以敏捷管理與因應消費者五花八門偏好所牽涉的複雜性。從二○一二年開始，海爾轉變為分權化的網絡式經營組織，並以培養創業精神為新的企業目標。員工不再只是員工，而是海爾生態系統中每一個策略性事業單位（SBU）的一份子，而每一個事業單位均可獨立作業。這些單位被賦權，擁有自主企業的敏捷性，同時又可以利用海爾的全球資源。這種轉變（詳見第9章「跨界合作」）可能是所有轉型工程中最困難的一種。海爾靠著企業存在的願景——製造高端、創新、現代化產品，為這一個轉型工程提供動力。

的確，海爾今天的組織結構遠超出它在一九八四年成立時所能想像的結構。但生產現代化高端產品的願景，以及追求品質的核心價值，這兩者在很大程度上維持原狀，並未隨時間而改變。由於技術升級，加上遇到有利的市場機遇，實現願景的路徑也必須跟著改變，因此海爾順勢敏捷地調整它的存在目標。其實即便是非常成功的組織，也需要高度關注外在環境的變化，以便敏捷調整企業的願景或目標，為成功奠定基礎。

建立存在的願景：這個世界需要我們解決什麼問題？

組織或企業若尚無自己為何存在的願景，該如何建立一個？不妨從規模開始：最有效的願景無論是企圖心還是範圍都要大。你的願景若範圍夠廣、夠大，有助於激發多個不同領域的事業單位付出努力。即便是看似平凡的產品和服務，比如汽車和書籍，也可能具備解決全球問題的影響力，所以勿小看存在願景對於解決全球問題的潛力。

這種現象最明顯的例子就是特斯拉。特斯拉從初創到成為全球最有價值的汽車公司僅用了二十年時間，而汽車產業的進入門檻和營運挑戰是出了名的高。特斯拉的成功可歸功於大膽的願景——亦即加速能源轉型腳步，改用永續能源。執行長馬斯克希望「推動全球過渡到電動汽車，進而推升特斯拉成為二十一世紀最引人注目的汽車公司。」

這個願景激勵特斯拉的管理層和員工開發出一系列創新的交通運輸技術，同時也將觸角擴及至太陽能和電池領域。該願景持續激發員工和供應商，希望能協助人類減少對化石燃料的依賴，而化石燃料正是導致氣候變遷的主因。

特斯拉的願景指引公司的發展方向。特斯拉一開始上市的車款 Roadster 和 Model S，售價高於市場預期，因為只有這樣特斯拉才有資金開發創新技術。如果推出經濟實惠的車款，恐會影響它對客戶與環保的情感上的承諾。

一旦在豪華房車市場成功站穩腳步，特斯拉迅速調整方向，耕耘以及服務大眾市場。如果特斯拉一直聚焦在高收入客戶，它仍然可以獲利，卻無法加速全球能源轉型、過渡到永續能源。此外，如果特斯拉為了提高產量而犧牲品質，那麼它生產的汽車也不足以吸引或說服許多消費者放棄化石燃料汽車，畢竟燃油車還是他們更熟悉的車款，也覺得比電動車更可靠。清晰的願景可協助企業解決棘手的問題，提供繼續前進的動力。為何存在的願景可推動企業不斷創新，克服看似難以克服的障礙。

這一願景也推動特斯拉跨足能源市場，展開多角化經營。例如特斯拉能源公司（Tesla Energy）負責發電和儲能，包括低成本的太陽能發電。[21]旗下子公司金牌儲能（Gambit Energy Storage）在德州安格爾頓（Angleton）建造了一個一百兆瓦（MW）的儲能電池，炎炎夏日足以供應兩萬戶家庭用電。[22]隨著儲能設施加入營運，可協助德州避免再發生類似二〇二一年初老舊電網故障大停電的憾事。所有這些行動都符合特斯拉存在的理由。

大多數企業的存在願景不太可能像特斯拉那麼宏偉，反而比較像蘋果和亞馬遜，專注於改善大家的日常生活。這些存在願景絕非只是開發實用的消費電子產品或販售具吸引力的商品而已，它們的目的是消除日常生活的諸多不便，替客戶省下時間，完成個人更重要的目標。

一九八〇年代，當史蒂夫．賈伯斯在父母家的車庫裡創建蘋果電腦時，他的願景是「製造推動人類進步的思想工具，為世界做出貢獻」。在蘋果早期，這意味特別重視使用者界面和使用體驗（無障礙操作）。後來，願景變成透過 iPod、iPhone 和 iPad 等產品徹底改變 3C 行動裝置。賈伯斯回鍋第二次擔任蘋果執行長期間，公司在許多領域擁有潛在的發展機遇，他拋出問題：「蘋果是什麼公司，在這個世界上它的位置（定位）是什麼？」這個問題有助於公司把心力集中於改善主要客戶群的生活，而非在相對瑣碎的細節上軍備競賽，比如技術標準或硬體功能等等。

賈伯斯堅持不懈地告訴員工和其他人，蘋果必須「代表某種價值」。他覺得自己與公司的願景息息相關：「讓我最感動的事情是，蘋果所代表的一切。它向那些改變世界的人致意。」

事實上，蘋果公司的願景絕非平凡無奇。賈伯斯本人高瞻遠矚：「我們要做的不只是製造插電盒子，協助顧客搞定工作——儘管我們這一點做得很好。但是蘋果的意義遠不止於此。蘋果的核心價值在於，我們相信有熱情的人可以改變世界，讓世界變得更美好。**只有那些狂熱到以為自己可以改變世界的人，才是真正改變世界的人**。」早在一九九七年，蘋果就宣布不再宣傳產品的「速度和供應量」（speeds and feeds，意指硬體的規格和性能）。改而宣傳產品如何造福核心客戶——那些與周遭格格不入的瘋狂反骨客戶。㉓

管理高層信守對願景的承諾至為重要，才能讓公司存在的願景繼續維持它在組織裡的北極星地位。在二〇一〇年，即使蘋果市值突破三千億美元，躍居科技的巨頭之一，[24]但賈伯斯說：「我們今天上班，該做的事與五年前或十年前沒兩樣，那就是為人類打造最好的產品。」[25]他最開心的事莫過於「收到來自地球某個角落某個人的電子郵件，告訴我，他剛剛買了一台 iPad，這是他買回家最酷的產品。」

願景既能指引員工方向，也能保持員工的工作動能。賈伯斯再次不厭其煩地指出：

「需要有人守護和重申願景的重要性……很多時候，當你必須跋涉千里，在邁出第一步時，覺得這是一條沒有盡頭的長路，這時最好有人告訴你：「嗯，我們又朝目的地靠近一步……提醒你目標確實存在；絕非虛渺的幻象。」

賈伯斯過世後，由提姆・庫克（Tim Cook）接班，他重申：「我們相信蘋果存在的目的是為了製造出色的產品，這一點不會改變……我認為，不管工作由誰擔綱，這些價值已深深融入蘋果這家公司，蘋果的表現將會非常亮麗。」[26]

亞馬遜更看是非常重顧客的需求，這一點我們將在下一章探討。亞馬遜的目標是成為「地球上最重視客戶的公司，讓消費者可以在這裡找到最低的價格、最多元化的商品選擇、最便利的購物體驗。」傑夫・貝佐斯在一九九四年創立「地球上最大書店」，因為省下實體店面的開銷，可以讓圖書選項更豐富、價格更低廉，進而顛覆了整個書市。但亞馬遜的願景並未特別提及圖書，可見亞馬遜並非只是一家書籍零售商，因此它很自然地拓展至音樂領域，隨後又販售許多其他產品。到了一九九七年，亞馬遜開始銷售玩具、家電和服飾。

即便銷售這麼多產品，亞馬遜的願景也沒有提到要成為一家線上百貨公司。它的重點是便利、選項和價格，並做了相應的創新。在一九九七年，亞馬遜為「一鍵購物」（1-Click）的購物按鈕申請專利。[27] 二〇〇〇年，亞馬遜推出「市集」（Marketplace）電子商務平台，讓各類商品的第三方賣家在此販售他們的商品。毫無疑問，亞馬遜因此損失了一些自營品牌的銷售額，但內部的反彈聲浪不敵為客戶服務的存在願景。市集平台不僅大幅擴大客戶的選擇範圍，同時又不會增加亞馬遜的倉儲成本。

在二〇〇五年，亞馬遜首創 Prime 付費會員制服務，為會員提供免運費、不限次數、兩天內送達的快遞服務，這讓線上購物幾乎與親赴實體商店購物一樣迅速。十二年後，亞馬遜收購全食超市（Whole Foods），進一步將 Prime 的便利性擴及至日常用品採購。這一切創新都源於公司存在的目的：克服傳統零售商對消費者購物選擇權的各種限制。

與微軟和蘋果的領導人一樣，貝佐斯在亞馬遜市值破一兆美元，成為另一個科技巨擘時，仍堅持它的存在願景。他的金句之一是「**在願景上固執，在執行上保持敏捷。**」他就這樣幾十年如一日地專注於成長而非追求獲利，包括推出 Prime 會員享有免運費服務這個創舉。這個願景也讓亞馬遜能夠不懈地進行創新——而且實際承擔的風險比表面乍看還低，因為願景能讓公司的行動與努力維持一致性，以及敏捷應變過程中接收到的市場訊息。正如貝佐斯所言：「如果你經常發明新東西，並且願意承受失敗，那麼你永遠不會淪落到需要拿整間公司豪賭的地步。」[28]

儘管蘋果和亞馬遜的願景看似平凡或普通，卻讓兩家公司成為史上最具革命精神的公司之一，影響與改變了我們大多數人的生活方式。

存在願景與北極星同軌道

唯有當組織的存在願景得到內部許多人的支持與擁護，甚至內化為個人使命的程度，願景才能發揮作用。[29]只有當個人將組織願景（北極星）內化為個人動機，這個存在願景才能協助大公司克服轉型時遭遇的反彈與抗拒。個人的成就感（滿足感）與組織的成功緊密相連。一些員工可能會拒絕內化組織的願景，但領導階層需要足夠多的一群人支持它，才能維持廣泛的轉型。（詳見第3章和第4章，將願景擴及至客戶、整個勞動力以及其他更多範疇。）

為了爭取組織內部廣泛支持，公司需要網羅各級員工參與制定願景，並將願景轉化為核心價值與目標。領導階層必須抵制自己閉門造車或向外請益顧問公司的衝動與誘惑。他必須公開公司的願景、目標和價值觀，期望員工能夠將這些內化為自己的使命。為了推動組織內的變革，員工也需要改變。這是我從其中一個客戶——加州聖塔克拉拉谷醫療中心（SCVMC）那兒學到的寶貴一課。

該中心是美國最大的醫院之一，服務矽谷大部分地區。[30] 它有九千名員工，服務背景多樣化的人群，每年的預算是二十五億美元，其中一部分來自政府資金。由於當地人口在一九八〇年代和九〇年代快速成長，導致這家醫療中心瀕臨崩潰。在病患從入院到出院的多個階段，醫院都遇到問題。由於聖塔克拉拉郡的人口持續成長，上述這些問題可能進一步惡化，所以醫院向外求援，花錢請益一家諮詢顧問公司對症下藥，提出解決辦法。但花了兩千萬美元以及十五個月的時間後，依舊看不到能夠發揮長效的解決辦法。

由於問題非常普遍，凸顯深層的核心問題：醫院缺乏一個能夠讓員工積極面對挑戰的存在願景。但這個願景應該是什麼呢？在庫拉尼（Sanjay Kurani）和克利夫．王（Cliff Wang）兩位醫師的帶領下，醫院開始收集來自員工、客戶和其他相關人士的數據，了解需要進行哪些改革。由此成立的跨部門團隊，成員來自之前各自為政的部門，包括行政人員、護士、醫生、物理治療師和社工。他們所提的建議催生了醫院的存在願景：「打造一個世界級的患者就醫流程，既受患者和家屬喜愛，也讓員工引以為豪。」

醫院上下提供患者順暢的就醫流程，全體員工漸漸覺得自己是主人翁，可以「我作主、我負責」（sense of ownership），而醫院成為員工希望的樣子後，會進一步加強員工「我作主、我負責」的感覺。然而我們如何確保醫院的願景與員工個人的志向相一致呢？

實現這一個目標需要動員八十到一百名意見領袖（influencers），包括醫生、護士和物理治療師。他們參與一系列活動後，寫下能與組織願景產生交集的個人願景。他們使用了我在拙著

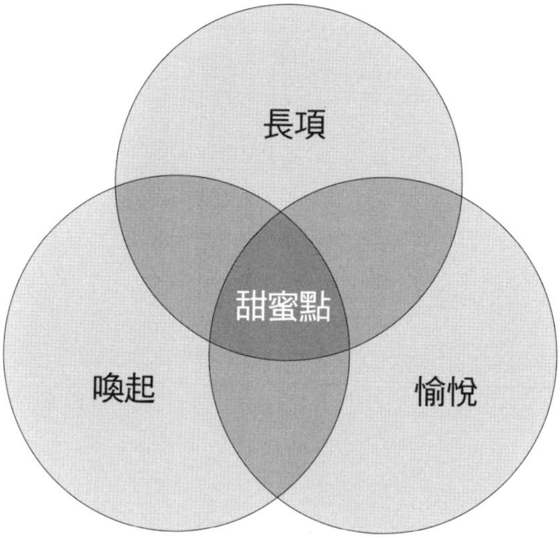

圖表 2-2：SEE 框架

《由內而外的效應》（*The Inside-Out Effect*）中提到的 SEE 框架（Strengths-Evokes-Elates）。[31]

這個框架能幫助參與者找到各自的天命（calling），亦即甜蜜點，甜蜜點位於個人的長項、喚起個人生命的意義、讓你覺得愉悅這三個領域的交叉點。換言之，每個人的天命應該能夠立刻讓他們感到喜悅、清楚自己存在的意義、以及能與個人已經擅長（或願意變得擅長）的事情契合。

參與者需要回顧在工作中經歷「心流」的時刻——亦即全心投入工作以及充分發揮技能的時候。[32]有些參與者在憶及這些全心沉浸和心滿意足的瞬間，甚至感動得流淚。做了這些回顧之後，他們寫下個人的願景聲明，描述他們覺得理想的工作狀態以及想要追求的最高成就。

為了讓這個SEE框架練習活動能與更宏大的目標保持相關性，這些來自各個部門的意見領袖反覆回頭參照醫院的願景聲明。他們需要在組織轉型的背景下建立自己的個人願景，確保個人的北極星能與組織的北極星互相契合。

下一步是希望這些有影響力的意見領袖，將這個兼顧個人願景與組織整體願景的一致性目標傳播出去，進而鞏固與深化「我做主、我負責」的文化。組織轉型的關鍵在於既要實現員工的願景，也要追求組織的願景。這個過程所產生的能量和動能之巨大，我怎麼誇大都不為過。綜觀歷史，許多人都曾為他們堅信的訴求與理想付出非凡的努力。**但是你不能把一項志業交給別人，要求他們為你的志業犧牲打拚。必須讓他們將這個志業看成是自己的目標與責任，他們才會自願付出努力與犧牲。**

有了這樣的共識與一致性，醫院員工開始深入研究，找出如何改善病患從入院到出院的就醫流程。跨部門團隊繼續運作，並負責轉型工程牽涉的不同面向。以出院流程為例，他們會訪談正在辦理出院手續的患者，詢問他們的意見。他們也假扮「神祕顧客」，亦即假扮病人，找出導致塞車和效率不彰的環節。醫院職員也會付出額外努力，積極主動地找出可能被忽視的問題。例如，他們發現出院流程之所以卡關，常常是因為病患離開時沒有交通工具或沒有住處使然。跨部門團隊將這些意想不到的問題攤在陽光下，協助行政單位了解醫院需要改變哪些視角與觀念。他們還協助出院病患找到住處。

儘管找出一些問題與解方，但醫院營運非常複雜，也存在許多限制。所以當團隊找出可改進流程的機會後，發揮實驗精神，嘗試不同的途徑，然後比較不同方式的實施成效。這種以數據為基礎的評估方式，比較可能找出有效的改進方式。

即使是敬業的員工在應對複雜挑戰時也可能會動搖。為了保持他們堅持下去的動力，醫院採取一些簡單的措施，能夠具體且定期地展示改善的成果。一些小小的獎勵措施，比如每週對表現最佳的醫療團隊頒發獎品或獎金，這些獎勵和整體計畫相比，可能微不足道，卻能讓員工持續關注轉型工程。改善成果被大家看見，以及鼓勵員工貫徹自己提出的具體措施，這些都讓員工有信心為組織的轉型與進步做出更多貢獻。

所有這些改變都發生在醫院的公共資金大幅縮水七〇%的情況下，但救護車對傷患的拒載率和病患不必要的住院天數等兩大關鍵指標均大幅下降，顯示改革有成。病患的就醫時間縮短、出院速度更快、病床週轉率也提高。病患不僅有更多時間在家養病、與家人共處，而且由於改進措施見效，讓醫院收治的病患人數增加了三〇%。

泰國最大的銀行之一 KBank 以及亞馬遜旗下的一些部門，都是績效卓著的組織，也都在做類似的努力。微軟執行長納德拉帶著他的領導階層一起完成微軟的願景聲明後，要求所有員工建立自己的個人願景，用這方式讓他們檢視自己目前負責的業務是否與個人的目標一致。許多人因而調整了自己的職務。

在亞馬遜的訂單執行中心，高層對經理的績效考核包括，要求他們選擇三個他們自認已經實現的企業價值，並請他們解釋自己如何實現了這些價值。他們還必須選擇三個需要改進的企業價值，並制定計畫解釋如何改善。亞馬遜透過這種考核方式，反覆強調公司的核心價值，確保公司的核心價值被貫徹。

如果存在的願景（包括目標和價值觀）要持續發揮影響力，企業必須定期提醒員工別忘了公司的願景。當一群人開會溝通時，領導人可以提到公司的願景，例如可以根據組織願景被落實的進度，呈現公司的表現成果，讓工作產出與組織願景保持關聯性與一致性。或是當團隊設定目標時，團隊目標應該能協助他們進一步貫徹組織的願景。

臉書：當組織偏離存在願景時

要想了解存在主義的好處，最好的辦法是對照沒有存在主義的話會發生什麼。結果發現，企業若少了激勵人心的願景，員工表現難有高效。面對不斷變化的環境，員工難以感覺持續。

臉書（現已更名為 Meta）的發展路徑與微軟類似，但成功後，缺乏新的願景。臉書一開始是有強大的願景：「提供平台，讓大家發揮分享的力量，催生更開放且相互連結的世界。」公司領導階層和員工積極追求且成功地實現了這一願景。然而臉書實現它成立的初衷後，沒有建立新的願景。

臉書一開始非常成功，近一半的美國人依賴臉書獲得新聞資訊。但臉書的願景隻字未提用戶分享訊息的真假與品質。臉書備受讚譽的分享與連結，在落地國家，若與用戶的權益或社會福祉發生衝突，結果會如何？臉書推出了一個極受歡迎的平台後，會以用戶為重，提供讓他們滿意的服務？還是把他們當作廣告商投放廣告的對象而變相壓榨他們呢？

除了廣告利益，一再發生的醜聞顯示，把關不力以致於用戶連結到不當內容的現象，可能對個人和群體造成傷害。在二〇一八年，爆出英國政治情報蒐集公司「劍橋分析」（Cambridge Analytica）在臉書用戶不知情的情況下，收集了數千萬名臉書用戶的個資。該公司根據這些個資推斷用戶的心理傾向與狀態，然後對他們投放政治廣告，對於這種行徑，臉書卻毫無作為。[33]同年，人權調查員證實，伊斯蘭恐懼症在緬甸被大肆傳播，臉書發揮了「決定性作用」。[34]超過七十萬羅興亞人（Rohingya）受到威脅，擔心遭到殺戮和虐待，選擇逃離緬甸家園。

隔年（二〇一九年），美國聯邦貿易委員會對臉書開罰五十億美元的天價，因為該公司未盡責保護用戶的隱私。[35]不久之後，臉書宣布，不對政治廣告進行事實核查。[36]二〇二一年，吹哨人張學菲（Sophie Zhang）和弗朗西斯．豪根（Frances Haugen）指證，臉書明知其政策會對社會產生負面影響，但因為利益至上而罔顧用戶的安全。[37]

臉書多年來的行為遵循一種模式：醜聞曝光後，沒有認真調整方向或修正行動，然後又爆出另一樁醜聞。臉書的存在願景從未有過實質性的改變，也未承諾即使犧牲公司的短期獲利也會力守公司的核心價值到底。

由於臉書是社群網絡服務公司，我們也許會理所當然地預期，保護隱私、維持透明和全權負責是臉書的核心價值。然而，該公司在這些領域做得相當有限，特別是在透明度方面。用戶的交友圈漸漸出現黨派立場嚴重對立、零容忍不同觀點的「回音室」現象。臉書執行長馬克・祖克伯（Mark Zuckerberg）在二〇一七年的一封信中，坦承有必要建立改善社群互動的基礎設施，但他並未改變公司的存在願景。

反之，臉書在二〇二一年宣布更名為Meta，一部分原因可能是為了與麻煩不斷的過去做一個切割。此外，更名後，Meta承諾不再依賴其他平台，而是要為元宇宙（Metaverse）開發自己專有的技術和應用程式。宣布更名前的幾個月，祖克伯曾將公司市值下降歸咎於蘋果公司iOS新增的一些隱私保護功能，稱這些功能降低了在Meta平台投放廣告的成效與價值。

除了進軍虛擬實境（VR），Meta的存在願景是什麼？如果沒有明確的願景，該公司將再次面臨迷航的風險。它會無法集中注意力在長期而穩定的優先要務，反而專注於追求可快速獲利卻稍縱即逝的機會。我們看到Meta華麗的藍圖，卻很少聽到它的核心價值或存在願景。Meta打算在它的平台上促進什麼樣的互動？目前數位互動這一門新領域還在初期階段，如果Meta缺乏存在願景，很可能會遇到類似其前身（臉書）受到的商業干擾。

本章結語

存在主義提供組織完成遠大目標所需的必要動能。每家公司建立願景的方式不盡相同，但多少可找到共同的特徵。

存在願景必須遠大：願景的規模必須與它點燃的熱情與動能相匹配。特斯拉、微軟、亞馬遜和蘋果都致力於重新定義我們的生活方式。再者，組織的存在目標，甚至是存在願景，可能得隨著時間推移而調整。海爾集團的例子顯示出，組織需要不斷調整，適應不斷變化的環境。最後，員工自己追求的目標必須與組織的目標一致，才會覺得組織的轉型工程與自己有利害關係。

知道自己為何存在，是組織腳踏實地不斷創新的重要引擎——它既是組織轉型的動能，也是推動轉型的手段。

第3章

對顧客著魔

以顧客為中心的好處在於顧客總是感到不滿。他們總是想要更多，因此他們會推著你前進。反之，如果你過於重視競爭對手，身為領導人的你，發現所有競爭對手都被你甩在身後，也許你會稍稍放慢前進的速度。

——傑夫．貝佐斯，亞馬遜創辦人[38]

存在的使命結合以顧客為中心的方針，兩者相輔相成有助於刺激和引導員工保持永續創新的動能。前一章描述了中國家電巨擘海爾如何下放權力，分散成數百家小微企業，以便在不同市場，根據不同的客戶需求，提供不同的產品。此舉顯示海爾對客戶的關注，但實際上這還是低估了海爾對客戶重視的程度——其實已到癡迷著魔的地步。

我指的癡迷是技術上的癡迷，而不是廣告業者標榜以客為尊的宣傳標語。亦即真心聆聽他們，根據他們的需求（挑戰）調整自己的做法，但必須兼顧合理利潤以及保持正常營運的情況下滿足客戶給你的挑戰。一開始是基於感性因素進行改革與轉型，但最終導致公司運作方式出現實質性變化。海爾和其他一些公司對客戶關注的程度可能已超越了看起來正常的程度，到了著魔的程度，不在乎這對公司的營運合理與否。

在海爾，推出新產品或對產品進行升級前，必須經過用戶層層把關審查，直到客戶覺得喜歡好用，才會獲得充分的預算支持。例如當海爾開發新品 Air Cube 時，這是一款集空氣清淨機和加濕器於一體的產品，公司在開發與製作原型前先向八十萬線上用戶徵求回饋意見。[39]一旦原型出爐後，會將原型貼到一個眾籌網站，七千五百名顧客透過該網站下單購買預製階段的版本（pre-production model）。接著海爾整合這七千五百名顧客的回饋意見後，才會正式推出量產的版本（mass model），而這個量產版本將成為海爾旗下小微企業開發各自版本的基礎。

每一個階段都是勞心又勞力，但能協助海爾「掌握市場的脈動」，繼而調整設計和生產。由於這些小微企業規模小又有具體的目標市場，所以進行調整時，迅速又靠譜。

此外，海爾力推「零距離」原則：任何一位顧客不管什麼時候，都能夠聯繫到海爾的工作人員。[40]海爾的職員不以成為銷售人員為目標，而是成為值得信賴的顧問和設計師。這並不會造成員工額外的負擔，因為海爾相信零距離對雙方都有好處：顧客的想法被聽見，員工有傾聽顧客意見的榮幸。

與顧客保持緊密連結是海爾旗下小微企業（多半是自主獨立運作）不會出現混亂的重要原

因。此外，共享服務平台也功不可沒。影響所及，海爾將人力資源部門的員工從八百六十人縮編到僅剩十一人，而且大多數小微企業都不再需要指派專人負責這個工作。

對顧客看重的程度體現在海爾「人單合一」的經營模式（Rendanheyi）。人是「眾人」或「個人」的意思，指的是員工；單是「訂單」的意思，在此指的是用戶的需求或要求；合一是「融為一體」的意思。因此，公司的目標是從文化和結構上著手，將員工與顧客連結起來。在其他公司或組織，研發人員可能只專注於實驗室的工作，但在海爾，即使是實驗室也必須對其研發產品的最終銷售表現（或滯銷）扛起責任。[41]

這種極端看重顧客的經營模式在市場上得到穩定的回饋。海爾每個產品貼到網路後，都會收到數百萬用戶的回饋意見，公司據此進一步微調，滿足顧客的需求。[42]這種回應速度不僅加強顧客與海爾之間的黏性，同時刺激員工的投入程度，讓他們能夠比同行其他競爭對手更理解買家的需求。

一直存在的外部影響力

公司的存在的目的固然重要，但終究是一種內在動能，時間一久難免動搖，尤其是公司的商業模式被證實有效後，這現象更是常見。要維持公司的紀律，避免因成功而產生自滿和內部權鬥，企業還需要外部影響力的刺激。外部影響力的最佳來源就是客戶。正如貝佐斯所言，顧客永遠不會滿足。儘管你把競爭對手甩在後頭，但實際銷售數字卻走下坡。顧客會不厭其煩纏著你，要求更低的價格、更高的品質、或是更多的功能，搞不好獅子大開口，要求你全部包辦。

想從如此競爭的環境中脫穎而出，對於客戶的需求你必須全力以赴，甚至到了癡迷著魔的程度。讓我們解釋一下什麼是對顧客著了魔（customer obsession）。每家公司為了維持營運，對客戶的需求與偏好具備一定程度的認識，但是對顧客著魔則超越這個程度，是一種感情承諾，超越理性層面的理解，而且與公司存在的目的緊密相連。對顧客著魔意味著公司必須滿足、傾聽並調整做法，因應顧客五花八門的要求與挑戰，無論這些挑戰多麼令人沮喪或前後矛盾。對顧客著魔會讓公司做出一些短期內讓人懷疑的選擇，但時間一久，證明這些選擇是利大於弊，不僅體現在客戶的滿意度上升，員工的投入程度和整體質感也都顯著改善。此外，對顧客著魔的公司往往能在第一時間意識到市場的變化以及變化的方式。

然而，對顧客著魔並不只是費心找出顧客的需求與偏好，然後滿足他們。顧客不能簡化成統計數據；他們必須具體呈現在開發團隊面前。你可從以下兩種方式中擇一實現這點。

第一種方式是共創（cocreation）。要做到與顧客共創，必須在生產的每個階段都傾聽顧客的意見。這就是海爾的運作方式，例如透過社群媒體徵求對未來產品的想法、進行 Beta 版產品測試、以及開闢線上論壇讓顧客回報各種問題與使用心得。公司根據顧客提出的需求採取行動，彷佛將顧客視為專家。

然而當一個潛在的產品與新穎的技術、新的思維方式、甚至是新的生活方式產生交集時，運用同理心想像顧客的需求（empathetic imagination）是更合適的做法。（據悉）福特曾說過：「若我問顧客想要什麼，他們只會說想要一匹更快的馬。」在這種情況下，公司不應該只關注發現顧客目前的想法，倒是應該反問自己：「一個能夠改善顧客未來生活的產品會是什麼樣子？」

關注未來的發展可能會與短期營收有所衝突。如果一項技術是嶄新的，顧客需要時間體驗與適應它，看看新技術如何改善他們的生活。第一批嚐鮮的使用者需要時間摸索與使用，對產品讚不絕口，進而鼓勵其他人跟進使用。

因此運用同理心想像顧客的需求，趕在他人之前推出新品，肯定存在更大的風險，但正如福特汽車的例子，潛在回報也更大。若欲引領第一波風潮，有志成為先鋒的人士或企業，必須鼓起勇氣開發高品質的產品。相較於與顧客共創的業者，他們看起來可能不太與顧客打交道或建立緊密連結，但實際上他們只是以不同的方式對顧客著了魔。

ZARA的共創模式：顧客才是專家

西班牙首富阿曼西奧．奧特爾加（Amancio Ortega）是印地紡集團（Inditex）的創辦人，也是快時尚巨擘ZARA的領軍人物。奧特爾加對ZARA的存在目的抱持簡單的立場：「按照市場的走向進行生產；如果市場需要這個，我們就做這個。」[43] 奧特爾加認為自己並不比顧客更懂時尚，但他確實認為自己在織品生產領域的背景讓他能夠建立優於其他時尚業者的委外生產系統。從一開始，他讓顧客主導設計，而ZARA則專注於生產和銷售。ZARA希望成為滿足顧客所有時尚需求的商店。

這種自下而上的產品開發模式關注與看重的顧客是一般尋常老百姓，而非巴黎或紐約的名人設計師。正如歐特加所言：「我不必盯著時裝伸展台，我看的是街頭穿著打扮。」他透露一個小故事，他說：「我坐在車裡等紅燈，旁邊停了一輛摩托車，年輕騎士穿著丹寧牛仔外套，上面掛滿徽章。我喜歡這種風格；我預判這會是最新、最真、最潮的穿搭。我立刻從車裡打電話給設計長，告訴他我看到的東西。兩週後，這些外套就在商店裡大賣了。」

這種快速反應能力不僅要求商店與設計師緊密結合，還要求供應鏈保留空間，讓顧客能持續提供回饋意見。他說：「如果不暢銷，我們可以徹底放棄任何一條生產線；我們可以替某系列產品染上不一樣的顏色，我們可以在短短幾天內推出新的款式。」

因此，ZARA的過人之處在於能夠快速、系統地洞悉顧客的需求，並將需求轉化為新產品，然後銷售到全球。顧客不需要走遍城市大街小巷的每一家服飾店，就能找到最流行的商品。他們往往對某商品（如圍巾）有一些想法，如果該商品物美價廉，他們會毫不猶豫立刻掏錢購買。顧客希望能快速又輕鬆地滿足自己的一切需求，如果一家公司能夠可靠地做到這一點，顧客願意多花些錢，並展現更高的忠誠度。

ZARA鮮少對顧客進行意見調查；而是依賴零售店提供的數據和回饋。當一種款式完銷，零售店會告訴總部提高生產量；滯銷的款式則會打折。ZARA透過壓低新款式的數量，降低營運風險，因此需要先進的資訊系統，將商家、總部的設計師、以及委外代工廠的設計師緊密相連在一起。利用資訊網絡系統垂直整合意見，是ZARA做到敏捷共創的關鍵。這就是ZARA將其對顧客的著魔變成具體可行且可重複的商業模式。

蘋果公司發揮同理心想像：預期顧客的需求

共創可以成功發揮功能，正如ZARA和海爾的成功經驗，但這取決於顧客是否知道自己想要什麼。賈伯斯採取了截然不同的作法，蘋果與ZARA一樣，都受到某種推力的影響，只不過蘋果透過同理心想像顧客的需求，據此構思設計產品的創意。正如賈伯斯所言：「顧客不知道自己要什麼，直到你製造出來給他們看，這就是為什麼我從不依賴市場研究。我們的任務是挖掘尚未被開發的東西。」賈伯斯仍然非常看重顧客的需求，但推著他前進的最大動機是創造一款顧客用了後會愛上的產品。

上一章點出賈伯斯和蘋果同事看重的是產品的品質和有品味的外觀，而非一開始的銷售數字。即使公司今天已躍居為科技巨擘，這一點依舊沒變。賈伯斯坦言：「我們有很多客戶，我們對他們進行了大量研究。我們也非常仔細地觀察產業趨勢。但追根究柢，對於如此精密複雜的產品，難以透過焦點小組座談會的方式，設計產品。」

賈伯斯以及其他共同創辦人並非只想推出熱賣產品；他們希望產品能夠改變顧客的生活。

賈伯斯回鍋蘋果後，他與創意總監強尼・艾夫（Jony Ive）合作，結合先進技術與簡易操作的界面。他們的創新非常超前，遠超出一般顧客所能理解的程度，但他們對顧客的著魔程度確保產品深受用戶喜愛。蘋果沒有推出顧客現在想要的產品，而是設計堪稱地表最強大的消費性設備，然後從顧客的角度提出以下問題：

一、它能如何改善我的生活？

二、我會想用它做什麼？

三、它是否提供了我輕鬆學會操作的強大功能？

他們的目標不是為了追求先進的技術。長期擔任市場總監的肯恩・塞加爾（Ken Segall）指出：「透過他人的眼光看事情很重要。作為顧客，從廣告、購買、學習以及實際使用產品或服務，整套顧客體驗下來，你有何感覺？問自己一個關鍵問題：整套體驗是否令你異常滿意，讓你願意和朋友、家人或同事分享這個好東西？如果不是，為什麼呢？例如，購買過程似乎令人困惑，可能是因為公司提供了太多選擇，結果反而適得其反，讓顧客無所適從而裹足不前。」[44]

最佳測試：實際使用的狀況

微軟則採中庸立場：它強調共創，但稍有不同的是，它高度依賴先進技術。對顧客僅做一次生意是不夠的；如果顧客買了產品，卻放著不用，這會讓公司無法充分滿足顧客的需求，影響所及，銷售額將下降。對顧客著魔的情況並不會隨著賣出產品而結束，這點在軟體公司由一次性賣斷模式轉向訂閱制時，尤其重要。

微軟副總裁布萊德．安德森（Brad Anderson，負責企業客戶與行動通訊業務）解釋了公司對實用性的關注：「我們都知道，有些組織和公司的營收看起來很健康，但客戶卻正在流失。如果客戶真的喜歡你的產品，他們會使用你的產品。因此在執行長納德拉的領導下，微軟賴以參考的儀表板強調用戶的使用情況，『過去七天的成長情況如何？上個月的成長幅度如何？民眾使用什麼產品？他們不會使用什麼？所有做法完全以客戶為基礎。』」[45]

不同於蘋果推出的產品有限，微軟多元而廣泛的套裝產品迫使研發團隊必須依賴用戶數據，不能僅靠內部的意見。但是為了提供創新方向，這些數據捕捉的不是客戶想要什麼，而是他們的實際使用情況。這代表了公司必須關注用戶沒有使用什麼產品。如果你的產品品質一流，為什麼你的客戶花在產品上的時間卻這麼短？根據用戶數據進行產品開發，必須鎖定那些沒有被滿足的需求。

看重整體的顧客體驗

我們可以師法蘋果和微軟，擺脫傳統的市場研究。如果你致力於為客戶創造新穎且功能強大的產品，不僅結合先進技術，也方便用戶購買和使用，顧客將因為你提供他們不知道自己有此需求的東西而感謝你。

特斯拉的做法更類似蘋果——發揮同理心想像顧客的需求。特斯拉基本上不做市場研究，而是致力開發品質一流的高端產品，讓消費者易於購買和操作。特斯拉的賣點可能首推大量的技術創新，因此特斯拉電動車被形容為「四輪的高階電腦」。[46] 但當產品出現在展示中心後，一切只剩下產品對顧客的實際用途。在特斯拉的展示廳裡，顧客才是主人，而非技術本身。

總而言之，特斯拉和蘋果都推出複雜而功能強大的產品。在他們的商店裡，他們用化繁為簡和易於操作的外衣包裝產品。特斯拉不在乎客戶是否理解一系列電動車締造的非凡成就；他們在乎的是顧客離開商店時，是否下單訂購了一輛，除了充電之外，特斯拉電動車在操作上優於顧客過去駕駛的任何一輛車款。特斯拉非常看重顧客體驗，這點體現在提供顧客自己可能從未想過、又能對他們生活發揮積極作用的創新產品。

對顧客著魔而持續創新的現象並不僅限於產品本身；也可以應用於提升顧客服務體驗。因此蘋果會對實體門市以及線上的客戶服務體驗，投入大量時間和精力。但力求簡潔需要講究平衡。蘋果訓練門市員工在接待顧客時，遵循五步驟原則，這五個步驟被總結成 APPLE 的首字母縮寫。[47]

步驟1：有溫度地**接待**（**Approach**）顧客，提供個人化的服務。

步驟2：客氣有禮地**詢問**（**Probe**），了解顧客的需求。

步驟3：**提出**（**Present**）解決方案，讓顧客今天就把產品帶回家。

步驟4：**傾聽**（**Listen**）並解決顧客的問題或疑慮。

步驟5：**最後**（**End**）親切地向顧客道別，並邀請他們再次光臨。

第二個步驟是關鍵，因為有些產品本質上可能令顧客困惑，而這個步驟攸關服務的好壞。員工接受培訓的目的是提供解決方案，而非解決產品實際出現的問題。大多數員工沒辦法幫顧客修好無法連網的手機，也沒辦法修理螢幕故障的電腦。他們接受培訓傾聽顧客對問題的描述，將出問題的產品送到後台，寄到維修中心，然後在顧客等待的期間提供另一個備用機子。蘋果希望每一個進入門市的人都能滿意地帶著產品離開，這當然包括所謂的果粉，他們的死忠程度堪稱世界第一。

蘋果直營店本身是一個大膽之舉，儘管捷威（Gateway）和其他個人電腦公司的直營店都以失敗收場，但蘋果仍然執意上路。直營店內提供硬體維修服務「天才吧」（Genius Bar），店內採開放式設計，而這些都是業界的創舉。

對顧客著魔的公司最後都會嗅出有哪些需求尚未被滿足，以及市場的變化，並在危機發生前調整他們的產品。顧客能感受到企業的用心，因此他們也會對心儀的品牌著魔。蘋果、特斯拉和其他對顧客著魔的永續創新者，每天都在為爭取死忠粉絲而努力，確保顧客感受到他們的用心與支持，甚至願意購買超乎他們需求與預期的新穎產品。

亞馬遜結合持續創新與共創

對顧客著魔的公司，如果不是像蘋果等致力於研發高科技產品，多半不會冒著同理心的風險想像顧客的需求。他們更傾向於共創的做法。即便是這種情況，強烈的同理心想像仍有巨大的潛在價值。最好的例子就是亞馬遜，自它成立以來，對顧客著魔一直是亞馬遜的營運支柱。最令人欽佩的是，儘管亞馬遜已不斷茁壯成為史上規模最大的企業之一，但它仍保持這種堅持。不僅提供可靠穩定的零售平台，也提供創新的產品和服務。

正如前一章所述，亞馬遜的存在目標是滿足一個大家普遍的需求：利用互聯網，搶先其他同業一步，更快地讓顧客買到想要的東西。貝佐斯在一九九八年寫給股東的一封信中簡單地表示：「我們打算建立世界上最以客戶為重的公司。」[48]貝佐斯以及現任執行長安迪・賈西（Andy Jassy）一直努力堅持這個承諾，即使公司已成為巨擘，仍不改初衷。公司的初創思維（見第5章）雖有助於同仁保持戰戰兢兢的心態，但是將顧客置於核心地位才是亞馬遜的基石之所在。

共創。必須三管齊下精進選擇、便利和低價這三個領域，並密切關注有效和無效的做法。有了互聯網，亞馬遜可以進行各種實驗，並迅速看到結果，影響所及，若顧客覺得哪些領域需要加強與改善，公司隨時可進行創新。正如貝佐斯所言：「企業想要保持創新，就必須進行實驗。如果你想要更多的創舉與發明，就必須進行更多的實驗。」

亞馬遜的焦點不是銷售額或利潤，而是協助客戶購物。貝佐斯一九九七年一再強調：「我們公司不靠賣東西獲利」，而是「在協助客戶做出購物決定的過程中實現獲利。」例如，貝佐斯曾拒絕一位投資人的要求，後者要求亞馬遜刪除網站的負面評論，但貝佐斯認為向顧客提供完整的商品評論，有助於提升顧客的購物體驗。[49]

發揮同理心的創新。然而，亞馬遜也大膽進行顛覆性創新，因為它知道顧客永遠不會心滿意足。循序漸進地改進存在危險，因為過程中，人容易鬆懈，畢竟保持高度紀律非常考驗人心。

假設公司的營運經過一番改造轉型後，一切進展順利。你找到消費者的需求，也許只是小眾市場（縫隙市場），但你摸索出一套做法，能比其他任何一個業者還更有效率、更快速、更低價地滿足顧客這個需求。你安裝了一套精簡版的顧客回饋系統，但它鮮少被派上用場，因為你在顧客感到不適前就已確認大多數的痛點。你的顧客喜歡你，你的員工信奉公司的使命，你的競爭對手被你遠遠地甩在後頭，以至於你根本記不得他們的名字。你反問自己：「情況還能更好嗎？」你的答覆最好是：「是的。」

首先，其實很少公司能夠實現上述所有目標。更寫實的情況可能是把你放在類似亞馬遜在二〇〇五年左右的水準。或者是二〇〇七年、二〇一七年、甚至可能是現在的水準。在二〇〇五年，亞馬遜表現出色，營收穩健成長。亞馬遜網絡服務（AWS）已上路兩年，並透過收購卓越網（Joyo）正式進軍中國大陸，但實際上卓越網的表現並不理想。[50]亞馬遜獲得新一輪資金，大家對於進一步購併、擴張、改善非客戶導向的業務等做法感到興奮。但貝佐斯立即回歸到顧客至上的路線，推出Prime訂閱制服務，付費會員享有大多數產品的免運費服務，也可以免費或以折扣價存取數位媒體。

在一次法說會的視訊會議上，亞馬遜提醒股東和員工，公司的存在使命維持不變，亦即「我們的長期忠實顧客是公司最寶貴的資產，我們將透過創新和努力不倦來呵護它。」[51]顧客並未明確要求類似Prime的服務，但貝佐斯和他的同事發揮同理心想像顧客的需求，進而開發出這套服務，而它的成效確實有目共睹。

完成初創階段的使命，蛻變為極成功的公司後，它們往往會轉移重心，透過創新的服務與產品呵護顧客。它們會持續改進與升級既有的明星產品和服務，同時也推出創新商品，這不僅可獲得情感上的回報，同時也提醒自己保持紀律。貝佐斯表示：「我們必須在每個起點與階段，全力以赴地改進、實驗和創新。我們喜歡成為帶頭的翹楚，這是公司的基因，這對公司是好事，因為我們需要這種拓荒精神來保持成功不墜。」[52]

一家對顧客著魔的公司，樂於創造積極的回饋迴路，並且會避免陷入自滿。成功的公司難免容易陷入自滿；如果競爭對手沒有緊跟在後，請務必讓你的顧客扮演那個角色。

亞馬遜對顧客看重與著魔的程度一次又一次地被實現與驗證。在創新的過程中，一個基本原則是「退一步，預期顧客的需求與體驗」。我們不該被工程技術或銷售成績所困擾，應關注顧客可從產品與服務獲得什麼回報。首先，想像要推出什麼產品或服務，然後發揮同理心想像顧客的需求，以及參考顧客數據，然後進行創新，繼而克服推出這個產品或服務可能遇到的障礙，勇往直前，不被任何障礙擋道。當亞馬遜網絡服務（AWS）發現顧客的需求出現變化時，它費心地為伺服器客製化晶片，放棄依賴晶片公司提供的現成產品。亞馬遜對進軍晶片設計沒有任何興趣；它們只是一心希望能在不增加成本的情況下，提供顧客更好的購物體驗。[53]

在二〇〇七年，亞馬遜推出售價三九九美元起跳的電子書閱讀器 Kindle，一年後又收購有聲書製作公司 Audible，Audible 迅速與 Kindle 整合為有聲書平台。然後在二〇一七年，亞馬遜收購擁有四百七十一家門市和極具忠誠度顧客的有機連鎖超市「全食」（Whole Foods）。[54]這一切行動都是為了現有的亞馬遜顧客著想，希望提供他們更多福利。Kindle 和 Audible 提供 Prime 會員獨享的服務與優惠價。收購全食後，亞馬遜並非只是簡單地重新布置門市、增加一些標示，然後坐等財神爺上門。反而是充分利用它先進的技術基礎，結合 Prime 服務，讓會員能夠更方便地採購日常用品，並享有送貨服務。亞馬遜所做的每一項創舉似乎都直接或間接地回歸到提升對顧客的服務。

儘管亞馬遜已是非常成功的巨擘，但這種堅持不懈的創新精神並非源於理性的決策，而是因為貝佐斯對整個集團（包括母公司、新公司、最近收購的公司等等）灌輸看重顧客的精神與核心價值。百視達與亞馬遜形成鮮明的對比，稍後在第5章會點出，當百視達滿足顧客的某些需求、改善配送服務、建立了一群看似忠實的粉絲後，卻停下創新的腳步。

百視達熄燈並非因為醜聞、官司纏身或是其他導致公司狼狽收攤的典型原因。它確實提供了顧客想要的產品與服務：百視達的店面交通位置便利、方便顧客瀏覽、租借和歸還影片。但是當今科技蓬勃發展、方便的定義不斷升級之際，百視達卻陷入自滿，只願進行漸進式改良。由於缺乏對顧客的熱情，百視達員工缺乏不畏辛勞不斷創新的動能。百視達的創新與創舉少之又少，多半只會跟風模仿其他公司（例如主題樂園）的成功模式，以不斷拓點擴張版圖為主。

亞馬遜不僅看重顧客到了著魔的程度，還賦權給員工，提供他們直接服務顧客的工具。員工可以輕鬆存取數據和軟體，提供顧客全新的體驗。在這方面，亞馬遜對「亞馬遜網路服務」的投資有了回報，因為使用雲端伺服器可降低創新的成本。

對顧客著魔的公司會真心提供給顧客值得擁有的東西；這些東西一開始可能是某個產品或服務，不過很快會升級變成顧客生活的「主食」、必需品、甚至是生活的基本用品。對任何人而言，基本的必需品什麼時候夠用過？顧客需要更多，而對顧客著魔的公司會覺得有責任提供顧客更多選項。一旦你拒絕費心讓顧客得到更多，你就已經輸了。顧客會對產品抱持期待，當你只能滿足顧客的基本需求，再也無法讓他們驚豔時，甚至讓顧客他們失望時，顧客會覺得受到冷落，自然也會對公司喪失熱情。這種反應是雙向的。

貝佐斯再次強調，稱：「以顧客為中心的優點之一是（或許是隱約的優點），在於它會刺激積極主動的態度。當我們在最佳狀態時，我們不會坐等外部的壓力逼我們改進。我們內部會自發地（internally）改善我們的服務。在必須改變之前，主動增加更多的優惠和功能。在必須為顧客降價、創造更多價值之前，我們老早就已提前為之。我們在被迫創新之前，就已經進行創新。」

組織上下都對顧客著魔

高層主管似乎較易對顧客著魔，但是他們如何將這種心態傳播到整個組織呢？為了讓產品或服務真正地做到以顧客為導向，所有員工（無論是知情還是不知情）都必須加入一起努力。

以海爾為例，受益於高度地下放權力，員工擁有相當程度的自主權，獲得授權接觸顧客。提供顧客優質服務是旗下小微企業的營運重點，因此海爾等於是從結構層面上就確立：必須滿足目標顧客的需求。

亞馬遜設計了一套軟體，強迫在倉庫負責出貨的員工根據顧客導向的價值觀作業。有了這套軟體，每個倉庫都有非常具體的數據，可以對每個倉庫的每一樓層、每一個區域、每一名員工的工作量進行詳細分析，細化到每單位時間內成功處理的單位數量（例如揀貨或包裝的產品數量），系統甚至可以將分析精確到每十五分鐘的工作表現。[55]員工的實際表現，相較於公司希望的工作效率，是他們能否晉升、結束試用期、抑或被解雇的主要依據。無論員工是否真心關心顧客，工作性質要求他們必須以顧客的利益為出發點。

要求員工對顧客著魔也許看似強人所難，但多少能讓主管安心，否則他們可能受挫沮喪、只會瞎忙卻拿不出對策、對員工說些讓人摸不著頭緒又做作的鼓勵話、面對問題焦慮又嗤之以鼻等等。公司愈是能善用存在的目的，落實對顧客著魔的阻力就愈小。在蘋果的門市，許多人認為員工的工作壓力大、待遇偏低而且很可能無前途可言。[56]但受益於公司的培訓計畫，顧客幾乎感覺不到這些情況。蘋果徵人時，刻意選擇具備服務熱忱的員工，固然是一部分原因，但員工的熱情和關心主要歸功於培訓。蘋果讓大多數員工相信，他們的工作並非推銷技術，而是盡責地扮演「豐富民眾生活」的角色。[57]

員工正式到職前，須先接受數週、有時甚至是數月的培訓。培訓內容以熟悉實務和技術為主，但令人驚訝的是，其中一大部分內容是在告訴新進員工「他們的角色遠大於賣產品或修理產品。」師法為神職人員或傳教士授證的儀式，蘋果也會為新進員工舉行特殊儀式，慶祝他們正式上工。儀式上，現有員工會以鼓掌的方式，期待新人未來的表現與貢獻。掌聲會持續幾分鐘，最後收尾時會感謝新人即將豐富他人的生命色彩。儘管蘋果門市員工的薪資充其量只是一般水準，但由於秉持服務顧客的熱忱，員工的流動率很低。

企業可以透過軟硬兼施的方式，推廣對顧客著魔的精神。任何一家生產優質產品的公司都應該能夠說服員工，自家產品能夠具體改善顧客的生活。在某些情況下，可能因為公司的規模或是員工與產品存在一些距離，導致一些員工感到與市場脫節，對此，公司可以把對顧客著魔的精神以及理想的員工做法加以整合，變成可衡量的績效目標。

努力讓客訴率為零

除了員工的態度，對顧客著魔的公司還看重如何滿足消費者的需求。他們投資基礎設施，不僅成立電話客服中心，也會積極尋找潛在的痛點（讓顧客不滿意或不便的地方），努力提高顧客的滿意度。顧客希望他們的客訴被聽見，但是沒有接到任何一位顧客的投訴或抱怨才稱得上是最理想的服務。錯誤無所不在，但對顧客著魔的公司會努力預防這些問題，以免影響顧客體驗。

亞馬遜確保顧客不會因公司的失誤而蒙受損失，並努力防止錯誤再次發生。若訂單出現延誤，公司會盡可能將送貨服務升級為急件。這麼做雖然會提高成本，卻能讓顧客滿意，而且多半能準時交貨，不會讓顧客發現任何問題。然後亞馬遜利用它龐大的內部數據庫，找出造成延誤的環節——訂單執行中心、樓層、部門、還是經理？調查人員會確認問題的根本原因，公司再根據需要調整出貨時間、物流和管理團隊。訂單差點被延誤，馬上啟動一系列措施因應，對顧客而言，整個過程既不會引起他們的注意，也不會造成任何不便。[58]

只有對顧客著魔的公司才會投資佈建技術性基礎設施，以及慷慨地對幕後流程下功夫，精進顧客服務與體驗。亞馬遜確實有一個傳統的客服部門，它會利用基礎設施，結合服務的熱忱，預測和解決顧客的投訴。為了強調這一點，貝佐斯在二〇一二年寫給股東的信中，花了數頁篇幅，描述公司客服部門預測或解決顧客投訴的實例——目的是合理化亞馬遜為何持續投資以顧客為導向的基礎設施。這一切都是「出於看重顧客，而不是回應競爭對手。」

亞馬遜的投資不會侷限在具體的服務或產品，例如它推出「Kindle用戶借閱圖書館」（Kindle Owners' Lending Library）和 Prime Instant Video 影視串流服務。對顧客著魔的公司基於基本的價值觀與原則，甚至會透過主動退款等做法，為顧客幾乎察覺不到的問題做出彌補與善後。

例如，假設你向 Amazon Prime Video 支付了二．九九美元，觀看一部電影。你在觀看過程中遇到了一些問題，緩衝時間比平常來得久，但你仍然樂在其中，看完後給了好評，繼續過你該過的生活。突然，你收到亞馬遜寄來的一封電子郵件，內容寫者：「我們注意到你在 Amazon Video 上觀看影片時，影片播放效果不佳。我們很抱歉為你造成不便，並已主動退還你以下金額：二．九九美元。希望很快能再次為您服務。」

類似的情況也發生在企業客戶身上。如前幾章所述，亞馬遜率先推出 AWS 雲端伺服器，奠定亞馬遜的電商霸業以及驚人獲利。但該公司並沒有滿足於現狀，進一步推出 AWS Trusted Advisor 服務。這是一套軟體服務，獲得客戶信任取得客戶授權後，會監看客戶使用 AWS 的情況，然後主動提出建議，以提高 AWS 的性能與安全性，或替客戶省荷包。[59]

特斯拉同樣也致力於改善顧客體驗，不會被動地接到顧客投訴後才做出回應。雖然不如亞馬遜那麼流暢完美，但特斯拉利用軟體更新以及其他自動化設計，能在顧客真正遇到問題之前解決掉可預見的潛在痛點。

有時，即使市場需求強勁，特斯拉也會刻意延後交車時間。誠如一位前員工所言：「進入市場的機會只有一次。」[60] 一個常見問題是，新市場的電動車充電站不足。為了避免發生顧客體驗不佳、給了產品負評的風險，特斯拉通常會在正式出貨前，要求充電小組在當地市場安裝足夠的充電站，儘管這可能意味延後交車的時間。

與貝佐斯、賈伯斯一樣，馬斯克和他的同事也對顧客著魔。為了維護品牌對顧客的承諾，特斯拉不惜冒著短期銷量下滑的風險。雖然讓顧客等了更長的時間，但他們一旦獲得新車，駕車體驗與滿意度絲毫不受影響，甚至覺得等待是值得的。

數據是黃金

滿足顧客需求的情感承諾是對顧客著魔的基礎。情感承諾的好處之一是能刺激領導人提高對顧客的直覺，更精準地預測與滿足顧客的需求。然而企業領導人也非常依賴數據，尤其是在大規模共創的過程中，數據益形重要。這些公司將數據視為工具，不會將蒐集數據本身視為目標或目的。相較於大公司，小公司通常不需要進行大規模且有目的性地數據蒐集，他們的領導人可以直接與客戶互動，進行一對一對話，從中蒐集可靠又實用的數據。不過隨著公司成長，領導人難以保持這種互動，而且不可能光靠一個人，將這麼多顧客的意見和行為一一紀錄下來。因此需要對現有和潛在顧客進行數據分析。

亞馬遜——這個領域的巨頭——對於蒐集數據也到了著魔的程度，會多管齊下蒐集數據，而且以認真嚴肅的態度看待數據。數據除了可用於驗證諸多實驗性嘗試是否有效，還能落實課責制。正如一位前倉庫經理所言，「數據過於龐大，無法隱藏。」[61]亞馬遜的儲備主管培訓師強調，對於令人失望的數據，有必要以積極的態度正視它們，甚至善用這些數據，勇於接受失敗。貝佐斯卸下執行長，由安迪．賈西繼任，後者表示：「如果你不斷創新與發明，失敗的次數多半會超出預期。沒有人喜歡失敗，但這是創新與發明必然會面臨的挑戰。」亞當．塞利普斯基（Adam Selipsky）接手賈西高升後留下的位子，負責掌舵ＡＷＳ部門，他鼓勵員工多將注意力放在提出可能的解決方案，而不要太在意該辦法成功解決問題的可能性。[62]

數據是與顧客建立擬社會關係（para-social relationship）的關鍵，因為數據有以下重要功能：讓公司充分滿足顧客的需求；讓顧客願意繼續向公司購買產品；以及在顧客琵琶別抱之前，協助公司對於顧客不斷變化的需求做出反應。這正是ＺＡＲＡ三百五十名設計師所做的。每天早上，他們都會仔細研究來自世界各地門市提供的銷售數據，確定哪些商品暢銷，並據此調整自己的設計。他們還會獲得銷售員提供的質性回饋（不同於量化數據），例如「顧客不喜歡拉鏈」或「顧客希望拉鏈更長些」。這些設計師仍會從時裝伸展台以及其他時裝秀中擷取靈感，但顧客數據會主導並影響他們的設計。

當ＺＡＲＡ完成新品設計時，歐洲和北非的成衣代工廠會依設計生產少量的成品，然後在代工廠附近的商店試賣，試賣時間非常短。ＺＡＲＡ根據這些試賣品的銷售數據，再決定是否下單大量生產，並根據預期的需求配銷到各個市場。

ＺＡＲＡ花錢投資數據分析，靠著數據區隔每家門市的顧客背景，門市之間顧客的差異性係以所在的社區區隔，而非所在的城市或地區為界。ZARA發現，分散在不同城市的門市，在某些層面上，顧客可能有更多的相似性，反觀同一個城市內，門市之間的顧客群差異頗大。例如曼哈頓第五大道門市的顧客群，與遠在東京銀座門市的顧客群有更多的相似點，反而與附近蘇活區門市的顧客群相似性較低，蘇活區門市的顧客與遠在東京澀谷區門市的顧客有更多交集。[63]

對顧客著魔的方式不只一種，但根基大同小異，都是堅定不移地滿足顧客的需求。無論是共創還是同理心想像，都為企業提供了一個具體可行的目標和重要的約束與紀律，以免公司陷入自滿而不自知。

這種承諾確實到了著魔的程度，因為很難用投資報酬率（ROI）或其他理性指標合理化每一項投資。然而這些舉措日積月累下來，形成一種企業文化，鼓勵員工積極參與，畢竟就連最理性、根據數據制定決策的公司都難以點燃員工的熱情。為了保持敏捷創新，公司需要持續不熄的熱情，而這種熱情的續航力主要來自於對顧客著魔。

第4章

比馬龍效應

既然你的愛人這樣描述你，那麼你就應該是這樣的。

——珍奈．溫特森（Jeanette Winterson），英國才女作家

賈伯斯是個徹頭徹尾讓人討厭的人。難以相處又喜怒無常；會不留情面當著眾人的面解雇員工；肆無忌憚地把車停在身障人士專用車位。同事會刻意繞遠路，以免經過他的辦公室遭到他一頓痛罵。大家都很怕他，但他以某種魔力拉攏到足夠的人心，成功打造追求創新的企業文化，推升蘋果成為最有價值的公司。

他成功的關鍵之一是非常看重徵才（recruiting），而他在這方面的用心讓他成功覓到人才。

有一天，蘋果當時的人資長丹尼爾・沃克（Daniel Walker）試圖說服派蒂・許（Patty Shu）加入他的團隊，擔任招募主管。當時派蒂是家居用品零售商威廉——索諾瑪（Williams-Sonoma）的首席採購專員，對這個工作機會不是那麼放心篤定。但在離開時，與賈伯斯不期而遇。

派蒂向賈伯斯介紹了自己，並解釋正在考慮加入蘋果負責徵才，賈伯斯看著她說：「那是非常重要的工作……你能勝任嗎？」

派蒂坦承道：「我不知道。可能不行吧。但她又趁機問了賈伯斯一個問題：「你想從丹尼爾的團隊中得到什麼？你想讓他做什麼？」

賈伯斯答道：「願上帝賜我用不完的一流人才，那對我來說簡直就是天堂。」

他強烈、專注、充滿堅定信仰與信心的回應，征服了沃克和派蒂兩人。不僅派蒂決定加入蘋果，而且從那天起，沃克表示他將把網羅大量「一流人才」視為使命。雖然覓才愈來愈困難，但賈伯斯專注於創造偉大產品的精神培養了一種文化，讓他無畏個人遭遇的困境，同時激勵同事加倍努力工作。他讓比馬龍效應出現在龐大的公司裡，就連可能從來沒在公司見到賈伯斯本人的員工都被他影響與征服。

規模問題

前兩章肯定企業堅持存在的目的以及對顧客著魔的做法，但是難以透過直接的個人互動提升這些特質。當公司發展到擁有數千名員工的規模時，如何才能打造利於推動敏捷性和創新的企業文化？

解決方案出自羅馬詩人奧維德（Ovid）在西元八年創作的敘事詩《變形記》（*Metamorphoses*），奧維德透過神話歷史框架，紀錄了世界從開天闢地到凱薩（Caesar）過世的歷史，主軸聚焦在人類如何創造和維持改變。

在眾多神祇和英雄事蹟中，穿插了一個簡單的故事，主人翁是比馬龍，他是塞浦路斯（Cyprus）一位男性雕刻家，看不上身邊任何一位女性。沮喪之餘，他用象牙雕出了自己夢寐以求的理想女性。他將心血傾注在這個雕像上，取名為加拉泰亞（Galatea），並替它穿戴精美的珠寶和服飾，最後愛上了它。

在紀念愛神阿芙蘿黛特（Aphrodite）的慶典上，比馬龍獻上祭品，許願能娶到一個「與象牙女雕像一樣美麗」的新娘。回家後，他親吻了自己的雕像，發現它的嘴唇溫暖，原來阿芙蘿黛特實現了他的願望——把雕像變成了真正的女人。比馬龍娶了加拉泰亞，生了一個女兒，並與這位夢寐以求的女性共度餘生。

這故事的重點在於，比馬龍將他所能想像到最理想的特質注入到加拉泰亞身上。他矢志不移的投入與奉獻，加上對細節的在乎與看重，讓他創造出非比尋常的作品。

賈伯斯、貝佐斯和馬斯克分別在他們的公司也做了和比馬龍一樣的事。他們雖然沒有雕出理想的員工與同仁，但是他們用自己的熱情感召員工，向員工灌輸一些特質和關注的目標，而且影響對象不只侷限於轄下的直屬員工，而是擴及至整個組織各個階層。

如此一來，他們就解決了規模問題。他們堅持公司的存在目的以及新創公司的心態，他們也許可以靠個人的影響力，說服幾十名經理和其他同事保持創業心態，但他們無法直接影響龐大組織裡所有的員工。取而代之的做法是，他們得親自帶頭推動強大的企業文化。若要實現永續創新，企業必須建立強大、以績效為導向的公司文化。

執行長的表現很重要，這一點不令人意外。美國加州研究員分析了對《財星》（*Fortune*）雜誌一千大企業員工進行匿名調查所得到的數據，將這些數據與企業的財報表現進行比較。結果發現，執行長的人格特質對企業盈收的影響，具有統計顯著性。64

整本書中，我一再提及成功企業創辦人體現的理念、價值觀和心態。那些能夠在整個組織中實踐比馬龍效應的執行長，不僅在經營管理以及例行的職責中實踐這些價值觀，也透過企業文化將這些價值觀、心態以及他們看重的其他價值觀，灌輸到公司全體員工的思維裡。

隨著公司成長擴大，打造有特色的企業文化變得愈來愈困難。創辦人和執行長雖然足以影響身邊的人，尤其是與他們有私交的人，但要影響整個組織，把全體員工形塑成他們夢寐以求的理想模樣，則是天方夜譚。這正是當今企業領導人（比馬龍）與眾不同的地方：他們以潛移默化、滴水穿石的方式，影響整個公司的思維與心態。這些企業界的比馬龍將一些具體特質融入公司的基因，形成一種企業文化，讓那些與他們沒有直接互動的員工也會被塑造成符合期望的模樣。

這種不為所動的承諾至關重要。要讓整個組織實現比馬龍效應，領導人不僅必須在管理上力行公司的核心價值，還必須將它們灌輸到公司的肌理裡。隨著公司成長擴大，這會愈來愈困難。當今企業界的比馬龍透過言傳與行為，將自己的影響力擴散滲透至整個公司。他們將某些特質融入公司的基因，形成公司的文化，藉此塑造出理想的員工，儘管他們從未見過這些員工。

網羅高潛力人才

許多成功的企業家強調擁有優秀同仁的必要性，但賈伯斯和其他比馬龍把這一點提升到了更高的層次。他說，求才是他最重要的工作。他清楚一家公司的實力與各個環節的總和是等號關係；如果沒有一支強大的團隊，僅憑他一個人的魅力，企業無法擴大規模與版圖，成為成功的企業。同理，貝佐斯寫道：「在招募員工時，我們一向採取高標準，也會持續這麼做，這點是亞馬遜之所以成功的最重要因素。」[65]

馬斯克多角經營，旗下有太空探索科技公司 SpaceX、電動車大廠特斯拉、以及一家籌劃中的太陽能新創公司，他非常看重求才。在二〇一五年，當特斯拉擁有一．二萬名員工時，他親自上陣參與徵才的工作，親自批准每一位新進員工。不誇張，真的是每一個人。在特斯拉負責招聘的瑪麗莎．裴瑞茲（Marissa Peretz）說，她的團隊負責為一家兩千人的新工廠招聘員工，然後需要提供每一位被錄用員工的書面簡歷，供馬斯克過目與批准，就連工友、員工餐廳工作人員、裝配工等也不例外。[66]

超微（Advanced Micro Devices）是最有意思的個案，該公司在二〇一四年瀕臨破產，董事會提拔蘇姿丰（Lisa Su）擔任執行長，她打從一開始就知道必須重建公司的人才庫。她是史丹佛大學電機工程學博士，在半導體設計領域有創新作品，在吸引技術人才方面有相當的公信力。上任沒多久，她花了大量時間挖角高潛力人才，向他們推銷超微的經驗，稱加入超微是一個「學習大量知識並能發揮重大影響力」的機會。她後來回憶道：「一個聰明人，能做到優異與出色，但把十個或一百個聰明的人聚在一起，為一個共同的願景而努力時，能達到讓人難以置信的成就。」

她尋找的人有以下特質，「願意冒險、想在這行做出非常特別的事、想在資源較少但自由度更大的條件下奮戰」。她求才、惜才的做法有了回報，超微的股價飆漲三十多倍，該公司最近在高性能運算市場已超越長期以來的領頭羊英特爾。[67]

必須「契合」公司的獨特文化

馬斯克關注的不僅僅是個人，他對每一個加入公司的員工都抱以期望。在二〇一〇年，當時規模尚小的特斯拉急需工程學、設計和軟體方面的人才，馬斯克不惜重金挖角谷歌人力資源總監亞農．格舒里（Arnnon Geshuri），請他負責特斯拉的人資業務與招聘，馬斯克告訴他，只雇用符合特斯拉企業文化的各領域高手。

表面上，這似乎與其他公司的招聘方式並無太大區別。但在大多數公司，契合公司的文化（cultural fit）最後往往變成契合個人的偏好（personal fit）——亦即招聘經理基於個人主觀偏好，覺得和誰更合拍、能一起「廝混」而錄用誰。想和未來的新進同仁社交消磨時間，本質上不會影響公司的成功，但當經理的社交偏好成為某位優秀應聘者出線的決定因素時，就會產生問題。[68]

反觀馬斯克，他希望網羅能夠在高壓下茁壯成長的人。一位直到最近還向馬斯克匯報的總字輩主管表示，特斯拉彷彿把企業文化穿在身上，毫不掩飾對外展示特斯拉的文化，稱：「由於雄心和目標，員工必須在強調高效率的環境下工作……有了這樣的文化和期許，沒錯，目標看似不可能實現，但世界需要我們克服障礙努力實現它們。」

馬斯克一開始就對公司與員工抱以高度期待，所以對於文化契合下了精準的定義：能承受巨大壓力，能想出從來沒有人想到的解決方案，而且不願意接受不或拒絕的人。上述那位高管指出，員工接受如火般的考驗與磨練，才承受得起馬斯克對他們的期許，稱：「如果你回答『那個行不通』，但這個答覆並沒有什麼建設性。日子久了，馬斯克就會淘汰那個人，另外尋覓能夠提供有建設性回答的人，亦即這人會進一步解釋為何行不通。」

因此，無論多麼難以找到契合的人，葛舒里和其他參與招聘的人都非常清楚「合適人選」的定義。對他們來說，肯吃苦耐勞的心態非常重要，和尚未被開發的能力同樣重要。影響所及，公司上下全體員工接受馬斯克的價值觀：心無旁鶩精進工程領域，取得卓越的成就。

在二〇一四年，馬斯克說：「我要找的人，必須能證明自己具備卓越能力。這個人是否面對過真正的難題並成功克服它們？我得確定，一些出色成績是他們實際負責？還是由其他人代勞？一般的情況下，一個人真的下海與問題纏鬥，他們一定能理解問題之所在，而且不會忘記。」特別是有許多傑出人士應徵加入特斯拉，協助社會順利減碳，由燃料車轉型到電動車，但是特斯拉可能會發現，難以分辨應徵者之間的優劣之別。例如難以區分「不錯」和「優秀」之別，但是馬斯克有一套明確標準可克服這個問題。他對員工有具體明確的期許藍圖，並非平凡無奇的陳述或期望，讓招聘團隊能夠據此找到符合公司要求的頂尖人才。[69]

隨著時間推移，企業文化成形、生根、成為主導的影響力，領導人無須再費力推廣強化它。馬斯克的苛刻是出了名的，但其他敏捷創新的企業家也靠類似的獨特文化招攬人才。網飛（Netflix）在共同創辦人里德・海斯汀（Reed Hastings）和馬克・藍道夫（Marc Randolph）的領導下，特別希望員工能獨立做決定。大家公開、廣泛、刻意地分享訊息；彼此之間出奇地坦誠；避免墨守成規。網飛也會果斷地解雇無法或不願意遵從這種企業文化的人。這種強烈的認同感成功地蔓延到全公司。就像任職於特斯拉，選擇在網飛工作的人，清楚知道自己要做什麼，而且多半樂在這樣的環境裡——員工自主選擇在這樣的企業文化下工作，會進一步強化他們的工作表現，實現比馬龍效應。[70]

的確，對公司的強烈認同感不僅有助於決定聘用哪位應徵者，還能強化比馬龍效應。當公司文化以公開聲明的方式廣為人知時，比如特斯拉和網飛的做法，適合你公司的人才就會來應徵加入你的公司。

向專家學習，而非向專業經理人學習

強烈的認同感對於現代比馬龍效應至關重要，但實現這個目標需要根據員工的專業知識和心理動機徵人，而不是根據他們的技能。管理層習慣性認為，職員跳槽到自家公司後，可以將他們從前東家司學到的技能應用到自家公司，卻他們忽略兩家公司的企業文化可能完全不同。

在蘋果，賈伯斯希望創造有前瞻性又具顛覆性的產品，不過實現這一目標需要員工不斷學習。為了鼓勵學習，他需要的經理必須能獲得部屬敬重，也就是他聘請的必須是專家，而非專業經理人。

賈伯斯受過慘痛經歷才學會這個教訓。在一九八三年，他花了數月時間苦口婆心說服約翰・史考利（John Sculley）離開百事可樂副總裁職位，跳槽到蘋果。賈伯斯那句知名問句：「你想一輩子賣糖水，還是想跟我一起改變世界？」

賈伯斯認為，史卡利的行銷長才可以協助蘋果成為個人電腦市場的霸主。但史卡利擔任總裁數年後，說服董事會逼退賈伯斯，由他取而代之出任執行長。賈伯斯接受英國廣播公司（BBC）訪問時說：「我能說什麼呢？我雇錯了人，他毀了我十年來所有的心血。」

很多公司都犯了相同錯誤，聘用或拔擢管理能力很強，卻對公司專業領域所知有限的人。賈伯斯坦承：「我們在蘋果經歷過這樣一個階段，我們想：『哦，我們要成為一家大公司，所以雇用專業的經理人吧』……但這根本行不通……他們知道如何管理，卻不知道怎麼做事。」

賈伯斯回鍋蘋果後，恢復公司最初的定位與角色。他培養了由專家領導專家的企業文化。他希望創造有利於學習的環境，若由專業經理人領導公司無法做到這一點：他說：「如果你非常優秀，為什麼要替一個你學不到任何東西的人工作？」[71]

誠如喬爾・波多尼（Joel Podolny）和莫頓・韓森（Morten Hansen）所言：[72]

> 蘋果的組織架構不是由總經理監督指揮經理，而是由專家領導專家。這個結構的假設是，專家較容易培養成為出色的經理，但是經理被培養成為專家則非常不易……硬體專家管理硬體，軟體專家管理軟體，依此類推。偏離這一原則的情況非常罕見，而且專家領導專家的模式會貫穿組織各個層面，讓各領域的部門都能愈來愈專業（specialization）。蘋果的領導人相信，世界一流的人才都希望與同領域其他一流的高手共事，或是替他們工作。這就像加入一支運動隊伍，不僅可以向最頂尖的人學習，還可與他們一起比賽切磋技藝。

賈伯斯說過，最頂尖的經理人從來都不想當經理，最後卻決定擔任這個角色，因為只有他們擁有專業知識可實現了不起的創新。這種專業知識會讓部屬尊敬他們、聽從他們的指揮、以及向他們學習。因此經理必須是受尊敬的專家。蘋果「選擇依賴專家而非專業經理人」就是這個道理，藉此將學習融入公司的文化。而學習對於永續創新至關重要。

有些人認為賈伯斯是控制狂，因為他會緊迫盯人，密切關注蘋果產品的設計元素、功能易用與否。但他非常尊重員工的專業知識，所以不會對他們指手畫腳。反之，他會花時間努力了解同事，也讓他們理解他的觀點。

在二〇〇〇年代初，在賈伯斯領導下，朗恩．強森（Ron Johnson）推出極為成功的蘋果直營店，他發現賈伯斯的方法非常獨特：[73]

> 賈伯斯毫不掩飾自己的看法與立場，彷彿把它們穿在身上，所以你每天都看得見。當我開始在蘋果上班後，他連續一整年每晚八點都會打電話給我。他說：「朗恩，我希望你能夠了解我，了解得夠深入，知道我是怎麼想的。」我認為賈伯斯最被誤解的一點是，他是我所見過最知人善任的領導人，也大方授權給員工。他非常清楚自己的理念，因為目標非常清晰，因此實際上你可以非常自由地作業。

徵人時，大家習慣挑選有過類似工作經驗的人，因為這麼做相對容易與輕鬆。但是許多符合該職務要求與條件的人，卻可能吝於分享，不願協助創造彼此可互相學習和成長的環境。賈伯斯明白，如果他想要打造永續創新的企業文化，必須創造一種企業文化，讓員工願意相互學習，同時尊重與傾聽主管的意見。

賈伯斯終其一生，不斷創造與眾不同、具前瞻性的革命性產品。為了不斷開發新產品，讓產品成功上市，他深知，要實現這個不可能的任務得不斷學習精進，因為技能與技術隨時在變。打造「專家領導專家」的企業文化，有助於支持、培訓和留住傑出人才。

營造歸屬感

即使公司覓到符合企業文化的人才，仍然需要讓這些多元、往往固執己見的人才相互合作。這代表要創造一種歸屬感。

超微在實現多元化和團隊合作方面表現出色。它躋身全球最多元化、最受歡迎的公司之林，尤其不排斥女性和 LGBTQ+ 群體，這不僅為了吸引更多人才，更因為它相信多元化、公平和包容等特質，是激發員工最佳潛能和催生創造力大軍的途徑。超微努力增加女性工程師人數，也積極向代表性不足的群體招手。

為了提高這些群體在公司的比例，超微制定了指標和里程碑作為公司整體策略的一部分。另外一個目標是在二〇二五年左右，希望七〇%的員工參加員工資源小組或其他包容性倡議。超微還與歷史悠久的黑人大學、服務拉丁裔社群的機構建立合作關係。

員工資源小組照顧到不同的族裔與群體的需求，並為新員工提供輔導老師。內部調查顯示，絕大多數員工都以在超微工作為榮。這些調查的內容包括：員工的參與度（他們對公司、團隊小組和個人工作的投入程度）、經理人的素質（主管與員工的日常互動以及制定決策時，引發員工共鳴的能力）、歸屬感和包容性指標（在這個工作環境裡，所有員工受到公平對待、享有均等的機會與資源、能充分發揮所長為公司的成就做出貢獻）。公司也使用其他公司的數據以及自己過去幾年的數據作為評量基準。[74]

其他公司透過能讓員工產生歸屬感的企業文化，找到公司的優勢與強項。線上約會平台 Bumble 的執行長兼創辦人惠特尼．沃爾夫．赫德（Whitney Wolfe Herd）認為，過去辦公室文化，有利於形成以男性為主、男主外女主內的結構。

不同於大多數男性為主的科技公司，Bumble 高達八五％的員工是女性。工作時間有彈性，若有需要還可帶孩子到公司上班。員工可以向公司申報健身房會員費、療程費、冥想課程費、甚至針灸治療費等健康費用。這些福利鼓勵和激勵傑出女性加入公司。[75]

打造讓每個人都能茁壯成長的工作環境，有助於公司聚才而用之。頂尖的人才願意來，也希望留下來。無論是鼓勵更多的女性出頭，還是與歷史悠久的黑人學院和大學合作，多元化和包容性是任何企業不可或缺的一環。

工作時，若感覺自己是團隊裡不可或缺的一份子，對工作會更投入，工作效率也會更高。反之，缺乏歸屬感則會對工作意興闌珊，這也是導致職業倦怠的主因。但是，有才華、工作表現優異的創新者並不容易相處。（賈伯斯只是其中一個極端例子。）他們意志堅定、有雄心抱負、積極進取、聰明、有主見、總是希望自己能更上一層樓。這種人若一起共事，彼此之間會產生巨大的張力，迸出創意的火花。但也存在著危險：內部目標、團員之間的矛盾和衝突，恐會阻礙敏捷創新。

接下來的挑戰是：如何把相互競爭的隊員，凝聚成合作無間的團隊；以及如何讓大家有一致的目標。因此關鍵的後續行動是：建立強有力的決策機制和解決衝突機制。針對這點，不妨將經理的角色轉變成教練，他們負責調停、解決爭議，而不是制定法律，也不應給人有失公允、偏袒某一方的印象。正如知名企業教練比爾．坎貝爾（Bill Campbell）所強調的，經理人或管理者的角色就是打破束縛，讓大家變得更好。坎貝爾指導過貝佐斯、艾力克．施密特（Eric Schmidt，編按：曾任谷歌執行長、蘋果公司董事）和其他科技界領袖。[76]

掙得一席之地

徵才只不過完成了一半的挑戰。層層把關的徵人作業結束後，對員工寄予厚望的比馬龍公司會嚴格要求員工交出卓越的成績單，藉此強化企業文化。加入公司只是員工掙得一席之地的開始。特斯拉對員工的期望頗高，甚至期望他們完成看似不可能的挑戰。二〇一七年，特斯拉大量解雇數百名員工，此事還成為全國新聞報導的焦點。特斯拉沒有將問題推卸給經濟趨勢、營運狀況、或冗員過多，而是明確表示，員工因表現不佳而被解雇，並非裁員。馬斯克希望向員工傳遞一個訊息：要嘛茁壯成長，要麼被解雇。特斯拉確實說過，被解雇的員工大多從事行政或銷售工作。[77]

在亞馬遜，員工同樣必須達到高標才留得下來。在物流倉儲中心，負責裝箱和分流包裹的員工要時時受到追蹤和監控。經理希望他們不斷超越自我，達到比之前更高的目標，否則可能面臨丟掉工作的風險。

塞勒斯．阿夫哈米（Cyrus Afkhami）曾在美國一家物流倉儲中心擔任經理，他點出物流倉儲中心的工作文化高壓到幾乎不人道，稱：「如果你表現不佳，未達目標，你會受到三次警告。如果你在第三次警告後仍沒有改善，你會被解雇。」公司給了員工無數成功的機會。「每週，人力資源部門或是我的主管的主管都會與員工見面，確保他們的表現達標，尤其是墊底的一〇％員工。」這種不斷考核員工表現的企業文化能讓一些員工充分發揮實力，但也可能殘酷到不近人情。除了人力資源部門的協助，經理也會充當教練，提供員工充分的指導與輔導，希望提高他們的績效，並提出改進方法，然後聽取他們的回饋意見；公司還會對他們進行大量培訓。

在比馬龍領導人的鞭策下，持續進步是常見現象。超微半導體執行長蘇姿丰制定了五％的標準，要求員工每個季度進步五％。她希望這樣的進步幅度既能實現，又能產生影響力。員工不必做到不可能完成的任務，但他們必須為自己掙得在公司的一席之地。要在超微擁有未來，就必須端出成績，而衡量成績的唯一標準就是不斷進步以及自我提升。

在網飛，員工透過「留任測試」（Keeper Test）為自己掙來一席之地。（這是一種間接暗示員工對公司的價值偏低）。經理人反問自己：如果團隊中某個人被競爭對手挖角擔任類似的職位，他或公司其他主管會為留住這個人付出多少努力？網飛前人資主管潔西卡・尼爾（Jessica Neal）說，留任測試只拿到低分不代表會被立即解雇，但確實意味經理人需要介入。她說：「即使答案是你不會全力以赴挽留他們，你也不會解雇他們——也許他們不適合那份工作，或者你沒有給他們回饋，這種情況是可以處理與扭轉的。」

這種壓力迫使員工將公司文化內化。在亞馬遜，員工必須不斷進步；在特斯拉，員工必須持續創新。他們把公司文化穿在袖子上，公開展示與體現對公司文化的認同，影響所及，造成其他人巨大的壓力，即使不會立即面臨被解雇的危險，也必須急起直追，緊跟在後。

信任員工

這裡出現一個悖論，提高影響力的方法之一是賦權給員工，讓他們擁有自主權。員工可自主地跟著自己的直覺行事，久而久之，他們對整個公司及公司文化的擁護程度，會遠高於聽命指令行事的員工。

第2章介紹了海爾集團在二〇一二年將權力下放到小微企業，希望更敏捷地滿足不同市場的需求。其實海爾長期以來便努力提升員工自主權，小微企業只是此舉的極致與巔峰。在此之前，海爾一直保持著相對扁平的組織結構，幾乎沒有中階管理人員。小微企業進一步發展為獨立經營的團隊，承擔許多不同的角色。每個小微企業是獨立的單位，對自己的盈虧負責，亦即每個單位都能自主做出營運決策，滿足客戶的需求。

海爾主要透過內部目標來管理旗下的小微企業；每個小微企業都需要實現目標，並且要接受內部其他小微企業以及外部其他公司的競爭。海爾並未下指導棋，提供各個單位行動計畫，而是提供每一位員工最大的自主權與自由權，同時支持他們充分發揮自己的技能，藉此刺激他們勇於創新。未能達標的小微企業可能會被接管或解散。誠如外界的觀察，「海爾不僅提供員工一份差事，更提供一個協助他們成為創業家的平台。」[78]

海爾信任員工，讓員工充分發揮他們的創造力，刺激永續創新的精神。自二〇一二年以來，海爾股價已飆漲三倍多，摘下全球最大家電公司的頭銜。

賈伯斯說得最精闢：「優秀傑出的人懂得自我管理。一旦他們知道該做什麼，會自己想辦法完成，根本不需要被人管。他們需要的是一個共同的願景……這正是領導人的工作。」比馬龍型的執行長會激勵而非管理他們的員工，會放手給員工成長的空間。

即使沒有去中心化的分權結構，比馬龍式的影響力也需要靠信任才行得通，包括信任你的員工會繼續留在公司。網飛甚至鼓勵員工去其他公司應徵，以便了解自己薪資在就業市場的落點，比較之後，應該會對目前的工作與薪資感到滿意。這意味，網飛會支付表現傑出的員工高薪，不過如果你不想續待，公司也不會強人所難，硬把你留下來。離開的人很可能沒有感受到比馬龍式的領導。事實上，網飛提供想離開的員工優渥的遣散費，不會強留員工。[79]

不久的未來，信任可能成為區隔優劣的更大因素。考量到員工的工作效率，尤其是遠距工作的員工，大多數公司會用監控程式監看職員在辦公桌前的工作情形。過去，公司雖說信任員工，但同時也會讓經理到現場巡視，視察員工的表現與進度。而今公司採用電子監控軟體後，恐怕難以再維持這種信任的假象。我們會看到巨大的分歧：一類公司相信員工有自主管理的能力，因此吸引了有抱負、有才華、自信的員工，願意為某個目標或願景打拚；另一類公司的員工為了薪水才留下，而把熱情寄託在其他地方。[80]

導師制度

比馬龍公司的特質是對員工抱以高度期待，以及高度信任員工，並提供員工資源、指導和其他支持，協助員工實現艱難的目標。大多數公司都會提供某種形式的培訓和發展，在二〇二〇年，企業花了八百七十億美元，相當於每年為每位員工花費一千兩百美元進行培訓。比馬龍公司不僅提供一次性活動或課程，讓員工學習新技能。比馬龍企業也提供長期培訓計畫，側重於培養某種心態、價值觀或態度，增強員工實現目標的實力。

除了一般的培訓與教育計畫，比馬龍公司還非常重視導師制或師徒制（mentoring）。《財星》雜誌五百大企業中，多達三分之二有正式的導師制度，多半由高階主管「表面自願實則被強迫」（voluntold）輔導新進人員，但效果不慍不火，讓人無感，不足以產生比馬龍的效應。除非師徒雙方合作無間，追求一致的目標，否則這樣的師徒關係沒有意義。[81]

比馬龍式的指導側重員工的心態、態度和見解，希望接受輔導的員工愈來愈優異。公司希望參與導師計畫的師徒雙方，既覺得過程有難度，又深信結果會物超所值，所以願意投入時間和精力增進師徒的關係。導師制的目標是讓這個風氣產生漣漪效應，蔓延到整個組織。要做到這點，除了貫徹導師制度，經理人在公司的行為以及對公司的看法，也會產生廣泛的影響。這就形成了放大版的比馬龍效應。

賈伯斯掌舵蘋果時，與時任營運長的提姆·庫克（Tim Cook）的關係，雖然不符傳統意義上的師徒關係，卻為蘋果的發展奠定了基調。賈伯斯二〇〇三年被診斷罹癌後，開始用心栽培人才，並將庫克培養成接班人。八年後，賈伯斯過世，庫克繼承賈伯斯的風格，向員工提出挑戰，讓他們不僅「看到外在世界的潛力」，也看到自己的潛力。庫克曾在IBM待過十二年，後來跳槽康柏電腦（Compaq），但只待了非常短的時間。他貫徹賈伯斯努力打造的企業文化，尤其是對卓越的不懈追求，他認為這是蘋果獨一無二的特質。庫克接手時，蘋果的市值不到四千億美元，而今蘋果的市值已是四千億美元的五倍。（編按：截自二〇二四年三月止，蘋果市值為二・八兆美元，約為七倍）[82]

在亞馬遜，貝佐斯每年都會挑選一位「技術顧問」，形影不離跟著他，猶如他的影子。這種亦步亦趨的貼身學習，栽培出來的未來領導人具有領導重大專案的思維模式。葛雷格·哈特（Greg Hart）就是一例，他領導的團隊將亞馬遜智慧語音助理 Alexa 帶進了數百萬家庭。

除了一對一互動，領導人還可藉由四處走動，廣泛地影響員工。對許多員工而言，與執行長擦肩而過可是非同小可的經驗，如果這種不期而遇能彰顯公司的價值觀，倒也能夠深化公司的文化。

ZARA的執行長奧特爾加（Amancio Ortega）常在員工餐廳用餐，也經常在走廊漫步，只要有人需要幫助，他就會伸出援手。他打破公司的層級，因此員工與執行長同處一室不再是不切實際的奢想。他在公司四處走動，提供員工遇到他、向他學習與成長的機會。在大多數公司，員工可能會崇拜仰慕執行長，卻鮮少見到他們。在ZARA則不然，奧特爾加頻繁露面減少了層級制度造成的距離感。許多人才發展計畫是一次性活動，對員工的影響有限。反觀在比馬龍公司，強調個人發展與成長的企業文化，員工會持續受到同事的影響而形塑自己的長才與特質。

讓員工發聲

即使中階經理願意擔任導師指導新進員工，但導師制很難擴大規模。另一種比馬龍做法是邀請員工分享或貢獻自己的故事。這些員工可能不像創辦人或高層領導人，把公司的存在性目的內化為信仰，但他們仍然會受到企業核心目標的影響。員工用自己的語言講述自己的故事，將自己發展成符合公司需求的人才，而且透過故事與同事建立情感連結。

安侯建業聯合會計師事務所（KPMG）是全球四大會計事務所之一，希望提升全球兩萬七千名合夥人和員工的參與度，所以領導層制定了「點亮信心，成就改變」作為公司的標語以及存在的目的，並喊出「在 KPMG，我們塑造歷史！」的口號，然後公司在內部推出「挑戰一萬個故事」的活動，要求每一位同仁把自己在公司參與過的歷史性大事或具有社會重大意義的活動，製作成數位海報。

在四個月的時間裡，他們貢獻了四萬兩千個故事，遠遠超過了目標，顯見大家壓抑已久，太想對自己的工作意義一吐為快。這些故事包括「我們擁戴民主」（認證南非的選舉結果）、「我打擊恐怖主義」（打擊洗錢）、「我幫助農場成長」（幫助農場貸款人取得貸款）等等，故事主題五花八門，不一而足。

該活動實施一年後，安侯建業在《財星》雜誌「百大最佳企業雇主」的排名中上升了十七個名次，首次打敗對手，成為四大會計師事務所之首。雖然公司整體員工的參與度上升，但內部調查發現，當主管不厭其煩將公司的存在宗旨掛在嘴邊，部門員工的參與程度成長幅度最大。反之若主管對公司這次活動幾乎隻字未提，員工的參與度幾乎是原地踏步。單靠這個活動是不夠的；需要主管加強宣傳「點亮信心，成就改變」這個存在宗旨，才能實現百分之百比馬龍效應。[83]

績效考核

績效考核在大公司司空見慣，理論上，主管可以透過績效考核，詳細肯定員工的表現，或是給予建設性的批評。但實際上績效考核對員工弊大於利，因為為了求高分，員工更關注如何給經理留下好印象，而非用實際的工作表現爭取高分。微軟實施的員工排名制（stack ranking system，或譯末位淘汰制）讓績效考核的弊端變得更嚴重。微軟主管按照鐘形曲線對員工的表現分等級，每個等級有固定的人數比例。

一位員工回憶說：「如果你所在的部門有十個人，你第一天上班就會知道，無論每個人有多優秀，按照比例，兩個人會得到好評，七個人會得到中評，一個人會得到差評……結果員工把注意力集中在相互競爭上，而不是與其他公司競爭。」另一個人則描述了彼此勾心鬥角的現象，要嘛公開直接搞破壞，要嘛神不知鬼不覺隱瞞一些訊息，阻止同事在排名中領先。員工彼此毫無信任可言，經理人影響不了任何人。[84]

微軟終於在二〇一二取消這種做法，在此之前，調查報告一再向領導人反映，這個排名制度讓員工無心合作，也削弱圍繞共同價值觀一起打拚的凝聚力。新的績效評比強調團隊精神、員工成長、合作無間，所以不久後，滿意度和生產力當然跟著提升。

比馬龍公司偏好即時提供回饋，而不是按照固定時間表進行考核。特斯拉一直保留著年度績效考核，但員工表示，考核只是例行公事，因為經理一年到頭都會不斷給予回饋意見。一位前特斯拉員工指出，主管看重當下，「如果員工表現出色，會立即告訴他們。而且是當著大家的面告訴他們。如果你必須另外騰出時間來做這件事，那就錯了……你需要的公司文化強調追求卓越，所以要不斷又即時地給予員工回饋，讓員工覺得自己一直在精進成長。」

員工對績效考核也同樣心生不滿。蓋洛普一項調查發現，只有一四%的員工強烈認為他們的考績會鞭策他們不斷進步。如果主管沒有定期提供回饋，員工獲得回饋時，可能已太遲或太過輕描淡寫；因此，「當員工聽到表揚或糾正時，問題已經成為歷史——要嘛已經解決，要麼已經成為遙遠的過去。」但是近一半的員工表示，他們一年最多只能從經理那裡獲得幾次回饋，儘管其他調查顯示，員工發現收如果到回饋的頻率是每週而不是每年的話，這樣的回饋更有意義，更能提振他們的工作表現，對工作也更投入。[85]

向員工提供即時回饋似乎是自然而然的直覺做法，但實際上很少有公司這樣做。經理更喜歡年度（或季度）績效考核，因為這給了他們掌控權和深思熟慮的時間，不過代價是抑制員工立即改進的行動力。蘋果取消年度績效考核後，當時的人資長丹尼爾・沃克（Daniel Walker）稱這些考核是「美國公司所做的第一蠢事」。他認為績效考核是在浪費時間，因為還有更有效的方式向員工傳達回饋意見。

同樣，網飛也放棄了正式考核，改成全年非正式對話——儘管員工人數已超過一萬人。許多人資專家根本不相信，像網飛這樣規模的公司居然沒有年度績效考核，但網飛前人資長派蒂・麥考德（Patty McCord）在二〇一四年的一篇文章中指出：「如果你定期且坦誠地討論員工的工作表現，你會看到不錯的結果——可能優於給每個人打分數的考核方式（滿分五分）。」

網飛前人資長（二〇一七至二〇二一年）潔西卡・尼爾坦言，這種頻繁的回饋可能給人感覺「冷冰冰、缺乏人情味」。雖然很多人可能會對網飛頻繁提供回饋的政策感到畏懼和害怕，但尼爾指出，其他人卻覺得這做法令人振奮，這些人「知道自己是努力工作的人，而且會做得有聲有色。沒有人想被不願付出相同努力的人拖累。」

這與艾克森美孚（ExxonMobil）形成了鮮明對比，這家石油巨擘一直堅持二十世紀的各種規範，包括年度績效考核和內部排名制等等。引用《商業週刊》（*Businessweek*）的描述：「受訪者描述了一個被困在琥珀中的組織（僵化，停滯不前），充滿封閉的思想以及基於恐懼的企業文化——曾經是美國企業的燈塔——而今變成阻止員工創新與冒險、降低他們職涯滿意度的企業。」這個報導的執筆記者指出，艾克森美孚在頁岩油鑽探等突破性技術方面進展緩慢，「受夠了創新腳步停滯不前」的員工紛紛離職。此外，該公司打壓員工之間的合作，讓員工缺乏心理安全感，不敢自由表達意見。不過為了說服人才留下，該公司倒是不吝支付高於同業的薪資。[86]

年度績效考核並非一無是處，若能巧用，仍可讓公司出現比馬龍效應，前提是必須與公司文化緊密結合。亞馬遜會定期考核員工的工作效率，目的是推廣公司的價值觀。在考核的過程中，員工首先要反思自己這一年來實現了哪三個亞馬遜價值觀，以及下一年度希望實現另外哪三個價值觀。然後，經理人在考核時，會結合價值觀和工作績效，提供員工回饋。整個考核過程會引導員工內化公司的價值觀，讓他們的目標與公司的核心價值保持一致

績效考核採用什麼形式或制度，並非重點，重點是主管否願意頻繁地向員工提供回饋，最好是即時回饋。若一年只提供幾次回饋，或是讓員工相互攀比，只會削弱而非擴大領導人的影響力。

一旦公司擴大到一定規模，太多員工會把公司的營運與發展視為理所當然，結果往往專注於追求個人的利益與回報，例如要求公司提供舒適、有幸福感的工作環境。結果員工心情是開心了，但不願再辛苦、需要不斷克服挑戰地持續追求創新，久而久之，整個公司變得平庸。反觀努力增加價值的領導人，即使已經成績斐然，仍會繼續打拚，他們的影響力擴及到組織其他部門的成員，不會僅限於自己的部屬。透過徵才、績效管理和各種符合公司文化的措施，讓比馬龍效應出現在整個組織，協助組織保持敏捷性和創造力。

第Ⅱ部

奮進

第5章
創業心態

我們可以有大公司的規模和能力，也可以有小公司的精神和用心。但我們必須做出選擇。

——貝佐斯，二〇一六年給股東的一封信[87]

在一九九四年，IBM很容易淪為被嘲笑的對象，因為綽號藍色巨人的IBM錯過了個人電腦革命，將寶座拱手讓給了英特爾和微軟；也錯過了資訊科技（IT）轉型，將主導地位讓座給電資系統公司（EDS）和安盛諮詢公司（Andersen Consulting）。雖然執行長路路易斯．郭士納（Lou Gerstner）為公司成功轉型為服務供應商立下汗馬功勞，值得一些掌聲，但真正的功臣是中層職員——像大衛．格羅斯曼（David Grossman）這樣的工程師，他的工作地點被安排在康乃爾大學（Cornell University）一棟不起眼的建物內。

由於可以使用超級電腦，格羅斯曼是世界上最早安裝第一代馬賽克（Mosaic）瀏覽器並體驗網頁中圖像世界的人之一。不久之後，一九九四年冬季奧運在挪威登場，IBM是主要的技術贊助商。格羅斯曼在電腦上瀏覽奧運網頁時發現，昇陽微系統公司（Sun Microsystems）另外建立了一個仿冒正版網頁的山寨版網頁，網頁顯示贊助商是昇陽，卻盜用IBM傳輸的數據。格羅斯曼對這現象並不感到意外——大多數IBM同事仍在使用大型終端機，而非Unix系統。但昇陽此舉實在讓他為IBM感到難堪，因而有了新創企業家的心態。

他最初的努力並不順利。他接洽公司的行銷部門，幾天後才得到回覆——但對方似乎對網絡一無所知。他堅持不懈，成功說服行銷部，讓法務部門向昇陽公司發出存證信函，逼迫昇陽關閉山寨網站。

他本可以就此罷手，但他覺得自己尚未完成使命。他驅車三個多小時來到IBM總部，並抱著一台Unix工作站走進去。主機占據了一個大工作台，他開始向在座人士示範早期網頁是什麼模樣。雖然整體反應平平，但他爭取到策略部門約翰．派崔克（John Patrick）的支持。這個雙人組網羅公司其他對網頁充滿熱情的人，並決定讓小組深入融入公司，而不是管理一個出色卻無法融入公司的孤鳥團隊。郭士納理解他們的行動，並為他們提供必要的保護，只不過將攻擊行動留給他們。

激烈競爭的火花點燃派崔克和格羅斯曼的鬥志，兩人迅速採取行動，希望超越競爭對手迪吉多電腦（Digital Equipment，或譯數位設備公司）。行動之一是募款。派崔克回憶道：「我當時沒有那麼多錢，但我知道我可以想辦法籌到這筆錢。如果你不偶爾越權，無法有更大突破。」他們在主管會議上示範早期的網頁，其中一個網頁出自格羅斯曼六歲的兒子。

他們與經理達成協議，成功借調到關鍵人才：「如果你們讓我借調你們部門最頂尖的程式設計師一個月，我們將合力開發一個互聯網產品，可以展示你們部門的工作成果。」

然而他們仍然遇到了質疑。派崔克面對的是抗拒新思維的老前輩。「很多人問，『你靠這個怎麼賺錢？』我說，『我不知道，我只知道這是有史以來公司對內與對外最強大的溝通方式。』」

此外，派崔克和格羅斯曼強調，互聯網是全公司的機遇，而不是某個部門的專利。在一九九五年六月的世界互聯網大會上（Internet World conference），派崔克告訴他的同事，接下來的三天，他們代表的是IBM互聯網團隊，而不是各部門的代表。當時微軟認為網路仍是不安全的電子商務平台，但IBM卻已對網路投下鉅額資金。一九九六年夏季奧運首次有了官方網站，由IBM全權負責建立。一年後，投資人發現IBM是這個領域的領頭羊，連帶著推升股價一飛沖天。

格羅斯曼和派崔克的作風符合新創公司的文化，卻與傳統企業的做法背道而馳。他們起步簡單，目標是追求快速成長。他們保持開放心態，不拘泥於任何一種思維模式。他們敢冒險、不怕犯錯、並迅速修正錯誤與缺點。「夠好」就好。[88]

英雄之旅

他們都是過著平凡生活的普通人，因為受到召喚，鞭策他們追求更高的目標。他們響應召喚，所幸遇到恩師，在恩師的帶領下，踏上不凡的探索之旅。一路上，他們面臨挑戰、結識志同道合的盟友，當然也會遇到危機，這時他們必須自我反省、找到內在的力量、全心全意往目標邁進，最後成功達陣。成功之後，他們又回到平凡的生活，只不過生活變得更豐富充實，看在其他人眼裡，他們有了深刻的變化，彷彿是救世主。

這是英雄之旅的精髓，是喬瑟夫・坎伯（Joseph Cambell）從世界各地文化淬煉出來的原型故事。在《千面英雄》（*The Hero with a Thousand Faces*）中，他強調英雄之旅的本質充滿不可預測性，以及適用於每個人的生活。他指出：「如果你的人生道路已一步步預先規畫好攤在你眼前，你知道那不是你的人生道路，你的人生路是你一步步走出來的。」

本書的第2章點出，在當前技術飛速發展以及充滿不確定性的時代，企業若要維持成長必須全力以赴履行存在性意義與價值。本章則點出履行這個承諾的實際效果，強調這不僅能激勵企業的領導階層，也能激勵公司裡的許多人。挑戰在於如何將這個承諾轉化為一種心態或思維，讓創業人士即便面臨巨大難關也能奮力挺進，邁向成功。

這種心態類似於英雄之旅，對於當今的大型企業至關重要。公司需要一大群尖兵，他們堅持履行承諾、勇於克服企業各種束縛、無畏巨大的挑戰。他們是努力不懈直到完成使命的英雄。他們在面對挑戰時，展現堅韌不拔的精神，每天心無旁騖完成自己的工作。他們不只是去上班，而是進行一場史詩般的冒險、與敵人搏鬥、發揮創意克服困難、無畏地實現自己的人生目標。他們讓公司勇於嘗試，實現在傳統企業環境裡難以實現的目標。

進入「第二天」會怎樣

正如我在第1章強調的，已建立品牌與地位的成熟公司，不傾向追求史詩般的成就。它們注重可預測性，規模化生產高品質、價格合理的產品和服務。它們不需要英雄，想過的是平凡安穩的生活。除非瀕臨破產，否則這些公司的企業文化更青睞聽話、專注、蕭規曹隨的員工。它們偏好漸進式微調，可以接受創新，但前提是不會破壞系統穩定或是造成效率低下。

大多數成熟的公司偏好貝佐斯所謂的「第二天」模式（Day 2）——一家公司成功打造它的商業模式後，一心想讓這個模式規模化。不幸的是，第二天模式會導致一些行為，讓公司在破壞式創新的時代變得愈來愈脆弱。[89]這些公司會出現以下行為：

- 關注公司內部面臨的挑戰與問題。
- 制定決策時，講求官僚程序與共識。
- 投資公司屹立不搖的領域。

- 害怕失敗，缺乏雄心抱負。
- 建立更多層級的組織結構或是單獨作業的部門。
- 偏好大型團隊，團隊之間彼此互相依存。
- 優先考慮眼前與短期的價值。

貝佐斯警告企業勿陷入代理人（proxies）的困境，所謂代理人指的是指標或流程，它們本身不具價值，但若善用，能顯示員工對公司的實質貢獻是否進步了。貝佐斯指出：「隨著公司的規模愈來愈大、愈來愈複雜，公司傾向依賴代理人進行管理。這種管理傾向有不同的形式和規模，危險、隱約、而且充斥第二天心態。一個常見的例子就是用流程作為代理人。」

流程或程序只是達到目的的一種手段，為的是方便管理，一旦公司規模化，管理也不會亂了套。但是許多公司擴大規模後，距離優化顧客服務的宗旨卻愈來愈遠，影響所及，流程或程序本身成了目的與結果，加上流程過於複雜，讓大多數人不知道如何駕馭。為了符合流程的規定，主管犧牲顧客為中心的服務，反而只關注作業是否符合流程，最後輕忽對顧客的服務，影響與顧客的連結。[90]

新創時期的火焰與熱情漸漸熄滅。大家開始將公司視為理所當然的存在，並開始關注自己的利益。只做份內該做的事，保住飯碗即可。許多人用這種「安靜辭職」的心態（quiet quitting），將精力和創造力投入到其他地方。此外，偏好穩健、規避風險的領導人認為公司已夠龐大，不需要積極作為防患未然。在這種因為公司夠大、所以無須積極作為的自相矛盾狀態下，領導層被動地依賴公司分散的「金主」（投資人），以及變幻莫測的市場。他們沒有全力以赴地思考潛在的挑戰，也沒有迅速落實解決方案。他們失去了在初創階段推升公司成功所具備的活力。

第3章介紹的百視達就是典型的例子。百視達創建初期是一家勇於突破、引領變革的新創公司，它改寫了條形碼系統，讓影音出租店能夠追蹤一萬卷VHS錄影帶，而不是標準的一百卷。百視達的領導層大膽建立龐大的連鎖門市，讓公司能夠迅速擴張，門市並根據當地人口特徵提供客製化產品。就這樣，它快速成長，成為市值數十億美元的公司，最大的影音出租連鎖店，擁有四百家門市。[91]

然後公司進入「第二天心態」（停滯階段）。主要透過收購競爭對手、嘗試模仿其他公司的創意（比如投資主題公園），來提高公司的競爭力。當網飛不堪虧損，主動找百視達結盟，並出價五千萬美元請百視達收購時，百視達卻嗤之以鼻。百視達的高層認為自家公司規模龐大，實力雄厚，完全可以建立自己的「DVD郵寄到府」的事業。事實上，它確實建立了「百視達線上」（Blockbuster Online）的郵寄到府服務，但該服務卻無法與實體出租店結合，導致該服務注定失敗的命運。

百視達在二〇〇四年達到巔峰，擁有九千家門市，但六年後就宣告破產。百視達的領導層將錯推卸給所有人，唯獨自己毫無責任。財務長湯姆・凱西（Tom Casey）將錯歸咎於金融海嘯，稱公司因為收購其他公司而負債累累的時候，突然遭遇金融危機的亂流。

凱西說：「百視達背負了超過十億美元的債務，在二〇〇八至二〇〇九年債券市場慘遭血洗的情況下，我們沒有足夠的資金，無法像網飛一樣致力於增加訂戶。」他接著說：「如果把當時這兩家公司並列對照，百視達在全球擁有七千五百多家門市，有郵寄DVD到府服務，也有不斷成長的數位業務。而網飛只有郵寄到府服務和小規模的數位業務，提供的服務並不多。因此，就營運指標和營運項目，兩家公司非常相似，都在努力增加用戶的數量，只是一家公司有發展的資金，但另一家公司沒有。」[92]

網飛有的可不僅僅只是負債低。它還有新創思維，不斷進行實驗和創新。而百視達到底做了什麼？什麼也沒有。百視達成立二十五年來，一直沿用相同的商業模式。它出色地滿足了顧客最初的需求：一個方便瀏覽、租借和歸還影片的場所。這些年來，百視達積累了令人咋舌的龐大資源，但互聯網出現後，顧客對便利性的定義與期望有了變化，百視達陷入困境，它已跟不上時代的腳步。

相形之下，不妨看看星展銀行的發展，原名是新加坡發展銀行，後來民營化，成為新加坡最大的銀行之一，星展銀行原本可以繼續壯大，成為新加坡的金融巨擘，但它在二〇〇九年卻做了不同的選擇，開始啟動數位化轉型工程。它的目標不僅是增加數位能力，還要採取攻勢。星展銀行創新主管杜震雷（Bidyut Dumra）這樣說道：[93]

如果我們想徹底數位化，像科技公司一樣的作風，我們就需要向最好的公司學習。這些公司包括谷歌（Google）、蘋果（Apple）、網飛（Netflix）、亞馬遜（Amazon）、領英（LinkedIn）和臉書（Facebook）。我們的使命是成為甘道夫計畫（GANDALF）中的D。這對我們的員工來說是一個了不起的號召。它讓員工意識到什麼是可能的，讓我們開始思考如何轉型成為科技公司。為了重新定位銀行業務，我們改造了組織架構，讓公司具備初創的文化和思維模式。我們建立了體驗式學習平台、引入新的工作方式、重新設計辦公空間、建立生態系統合作夥伴關係，鼓勵員工擁抱實驗和創新的精神。我們創造了一個支持各種實驗的環境。為了這點，對員工的投資勢在必行，而重新培訓是其中關鍵。

但大多數公司就像進入「第二天心態」的百視達一樣。它們的領導人失去了將公司推升至意想不到高度的活力。現在它們在墜落之前暫時停滯不前，員工更是如此。根據蓋洛普一份調查，員工的參與度低得令人訝異：受訪的美國員工中，僅三六％表示，會用心工作，實際上，這個比例高於其他國家，後者的平均數據只有二〇％。這份蓋洛普調查從三方面衡量員工的敬業度：員工對工作是否有清楚明確的期待、發展機會、員工意見是否被納入考慮。[94]

調查結果顯示，許多員工沒有明確的使命感，所以無法設定對工作的期望和目標，更遑論生涯發展路徑。他們或許對公司與工作有意見，但在他們看來，公司對他們的意見並不感興趣。他們覺得，公司只希望他們維持目前的作業方式——當個普通平凡的員工就好。

到了二〇三〇年左右，千禧一代將成為勞動力的主力，這種缺乏參與感與敬業精神的現象對大企業而言將造成毀滅性影響。這個群組優先考慮的是與他們信仰一致、充滿意義的工作。在他們之後的Z世代似乎也有類似的傾向，渴望一份有挑戰性又能發揮自主權的工作，但這是進入「第二天」心態的公司無法提供的。[95]

因此，優秀人才會被創業思維的公司吸引，這一個趨勢可能會因為新冠肺炎疫情而加速，刺激大家重新思考自己的職涯發展。這對於擁有龐大資源的老牌大企業而言，是多麼嚴重的浪費啊！我們將看到更多類似全錄（Xerox）和諾基亞的例子，它們曾經是企業霸主與企業文化的模範生，原本可以成為帶領轉型的火車頭，畢竟它們已成功完成開發市場的艱辛工程，但最後卻功敗垂成。

泛美航空公司（Pan Am）是另一家被困在「第二天心態」的公司，早在互聯網出現前，公司營運就大受影響。身為航空業的先驅，泛美航空在一九五〇年代成為全球第一大國際航空公司。它是美國第一家使用噴氣式客機的航空公司，這下長途直飛不成問題，也讓搭機旅遊走入一般人的生活。[96]但也正因為標榜長途直飛，泛美航空在一九七〇年代因油價飆漲而備受打擊，之後又因為美國當局放寬航空管制，再一次次遭到重創。為了恢復元氣，泛美航空透過收購其他航空公司，擴大在國內的市占率，但無濟於事。逐漸地，它被迫變賣一個又一個資產，終於在一九九一年不支倒地，宣布破產。

由於多年來公司的營收一路長紅，因此泛美的高管開始沾沾自喜，變得自滿以及安於現狀。他們好逸惡勞，沒有重新思考多年來行之有效、現在卻與外在多變世界格格不入的系統哪裡出了問題。領導層分散、各自為政、與現實脫節。他們的創造性思維跟不上那些挑戰他們市場地位的競爭對手，因此錯失了轉型和生存的機會。他們也沒有善用員工（包括格羅斯曼這樣優秀的人），請他們參與改造工程。

用故事喚起危機意識

企業要如何做才能撼動安於現狀、進入第二天模式的心態？首先，不僅要提醒員工公司存在的目的（第2章）；還要提醒他們，公司目前的地位並非百分之百穩當。在新創公司，無須提醒員工，公司處於隨時會倒的危機狀態，但老牌公司的員工卻不知道（尤其是感受不到）這種危機與不確定性。若是這種情況，你可以從故事入手。

一種方法是讓員工了解公司的歷史，公司一開始可能是從零開始的新創公司。還有更好的辦法是介紹個人背景。ZARA創辦人奧特爾加分享了他童年在西班牙北部發生的一則故事，讓他有了創業的想法。一天下午放學後，他陪母親去常去的雜貨店買東西。他的身高不夠高，眼睛還搆不到櫃檯的高度，這時聽到一個男子對他母親說：「約瑟法，非常抱歉，我不能再讓你賒賬了。」

買吃的是最基本的生活需求，卻被店家拒於門外，這讓他非常震驚。他還記得，那個下午的經歷影響了他這輩子職涯所做的各種決定。他決定輟學，在一家襯衫商的工作室擔任業務助理。這個起源故事激勵了奧特爾加，讓他精神奕奕，不斷前進。對奧特爾加而言，與其將生活看成是每天應付應接不暇的問題，不如把「人生視為大學」。他說，ZARA持續成長，但他從未忘記那天下午的經歷。所謂英雄不怕出身低，奧特爾加也不例外，因為出身平凡，支撐他一路腳踏實地朝目標挺進。創業人士也需要找到個人的理由，支撐自己堅持不懈。[97]

貝佐斯同樣出身平凡，必須自己開闢道路。他母親一九六四年在新墨西哥州阿爾伯克基（Albuquerque）就讀高中時懷孕生下他，當時未婚懷孕的青少女際遇非常坎坷——學校甚至想開除她。她需要過人的勇氣才挺得過來。四年後，她改嫁給貝佐斯的繼父，繼父也是同樣不屈不撓，穿著母親縫製的破爛衣衫，從古巴移民來美。他和繼父都把工作和出人頭地放在首位。貝佐斯還記得，全家計畫的旅行在最後一刻被喊卡，因為工廠臨時把父親叫回去支援。回憶自己的童年，**他將成就歸功於觀察父母以身教展現克服困難的精神與毅力**。

他們給了貝佐斯做大事的決心與毅力，而他的外祖父教會他探索世界，為自己闖出一條路。外祖父在德州有一個牧場，年幼的貝佐斯和他每天照顧牛群，維護牧場。貝佐斯憶道，外祖父甚至充當獸醫，用自製的針頭替牛打針。這些經歷灌輸他強烈的責任感——包括主動出擊、勤奮工作和保持好奇心。[98]

傳教士的使命感

堅持不懈的意志力，加上內心深層的使命感，激勵我們不斷奮進，追求遠大的目標。畢竟，大多數新創企業並不只是為了追求獲利能高於投資成本，它們有更遠大的目標。為了讓這種感覺擴及至創辦人與領導人之外，大公司需要的不僅是承諾實現公司存在宗旨的人，也需要能將公司發展軌跡視為己任的人。這些人相信，如果他們不發揮強烈的使命感，公司無法實現崇高的目標。他們是傳教士，而不是公司雇用的傭兵。貝佐斯解釋兩者之別：[99]

> 傭兵想拋售公司的股票。傳教士熱愛公司的產品或服務，熱愛他們的客戶，並努力打造偉大的產品。這裡出現一個明顯的悖論：傳教士通常賺更多的錢。

奧特爾加同樣指出，賺錢對他來說不具足夠的動力，需要更深層次的東西鞭策他，讓他能夠「不知疲倦地堅持下去」。[100]

賈伯斯也是出身平凡，父母都是勞動階級。他自小就有一股強大的使命，要讓一般大眾也能使用電腦。這股動力鞭策他推出革命性的個人電腦——Apple II，也激勵他離開蘋果後另行創業成立 Next 公司。他在對 Next 員工的一次演講中說道：

相較於開發新產品，更重要的是如何建構一家公司，希望公司成形後能愈來愈好，讓人刮目相看。整體遠超過各個部門的總和，我們所有人在未來兩年將做出約兩萬個決定，這些決定將定義我們是什麼樣的公司。蘋果之所以與眾不同，其中一個原因是，一開始靠大家付出真心，而不是由一位自認自己無所不能的領導人獨斷地指揮：告訴你這個要怎麼做，那個要怎麼改，等等等。我最大的心願之一是，我們能夠用心打造 Next，讓大家……感受到這一點。我們這樣做是因為我們充滿熱情，是因為我們真的關切高等教育。不是因為我們想賺快錢，也不是因為我們單純地想做而做。

賈伯斯強調更遠大的目標，他說：「需要一個人擔任願景的守護者，不斷重複公司的願景，因為大家要做的事太多，難免會分心……如果有人站在那裡，告訴我們『嗯，我們又接近目標一步，』那會很有幫助。」他認為，使命或更深層次的目標會避免公司做出不當決定，因此賈伯斯至少需要一小群願意說「我來扛」的人，確保目標不會被遺忘或被擱置。[101]

轉向，向第一天心態靠攏

大多數人都有早年和公司一起打拚克服難關的故事，這些經歷就是貝佐斯所說的「第一天」縮影，亦即在公司發展茁壯之際，員工保持戰戰兢兢，絲毫不敢鬆懈。如果覺得組織漸漸進入

「第二天」模式，亦即愈來愈自滿，就會提出深具挑戰性的倡議，協助公司重新轉向，回到「第一天」模式，以符合實現公司存在願景這個首要原則。

如何回到「第一天」模式？此時不妨遵循精實創業的模式（lean start-up loop）——建造、評估和學習。公司可以藉助這個不斷循環的過程，設計、推出、評估和反覆改進新舊產品。循環的每個階段都包括開發最精實可行的產品，並根據市場反應測試假說是否成立，若否，就調整假說，並展現在新的版本裡。

我們可以做自己命運的主人，自由追尋想完成的志業，即使這與之前所做的完全不同。精實創業法的優點是，可以在預算吃緊的情況下照樣運作，這讓領導人較敢賦權，讓產品團隊擁有所需的自主權。這些團隊敢大膽放手去做，就像展開英雄之旅一樣，寧願事後尋求原諒，也不想事前徵得許可。

為了推廣這種敏捷性，創業的思維強調保持簡單。一個小而美的組織以最簡單的方式運作，要比一個充斥分行、委員會和層層管理的公司更容易理解。賈伯斯說過：「有時你需要減法。」但是，當直覺告訴你應該擴大層級結構因應公司不斷成長的影響力時，要讓一個成功的大企業保持簡單，的確需要勇氣。保持簡單迫使公司不斷創新，而不是一味地灑錢和增加結構因應挑戰。

ZARA大力主張簡約。奧特爾加喜歡釐清問題的脈絡，直接而迅速地做出決定。他不喜歡冗長的技術說明——「說那麼多有什麼用？」他更喜歡務實的做法，讓大家把注意力集中在問題上。他能一針見血簡化複雜的想法，這個能力非凡人能及。保持簡約是他一生都在做的事。[102]

分散決策

做重大決定時，要用心、用直覺、用實證數據。必須敢冒險；必須靠直覺。所有好決定都是這樣做出來的。

——貝佐斯[103]

努力保持簡單的同時，創業思維也將決策視為每個員工的重要技能。大企業每天要做出數百個決定，每個決定都可能加速或減緩公司的發展。在創業思維下，每個員工都能做出重要決策。這就是ZARA的工作模式，這有助於提升組織的反應速度和責任感。至於其他的服飾零售商，買家（採購人員）擁有絕對的權力，但ZARA將這部分的權力下放給第一線的銷售人員。當牛仔褲不是這一季的流行單品時，他們不用理會諸如「你必須購買五萬米丹寧布」之類的命令或訂單。在ZARA，財務部門不會向商務部門發號施令；決定權交給和顧客接觸的員工。[104]

在ZARA和快時尚蔚為成風之前，服裝和流行趨勢可以維持好一陣子。新款式每隔一段時間才會出現，大多數人很少買衣服。當時的主流品牌都是精品，因經久耐用而備受讚譽。成衣生產並不頻繁，汰換速度也不快。ZARA壓縮產製週期的策略改寫了時尚業。

新創企業根基不穩，本就岌岌可危，它們會向客戶要求完整的真相，即使這些訊息會導致它們走上艱難的道路。它們沒有安全網，但它們足夠敏捷，真相可以幫助它們成長。它們天生好奇的本性讓它們能夠充分傾聽顧客的意見。

亞馬遜計畫擴大業務時，貝佐斯主動聯繫現有顧客，了解他們的需求，而不是選擇他覺得會熱賣的產品。考慮到亞馬遜對他個人而言深具意義與重要性，他大可以選擇銷售他熱愛的產品。相反地，貝佐斯最想做的是充分利用網際網路，改變民眾的生活方式。正是靠著顧客提供的數據，他建立了對公司未來的願景：提供一個地方，顧客可以購買所需的各種東西，這些商品項目足夠多元，足以迎合特殊小眾的需求，但又不會占據傳統店面的貨架空間。特別是在亞馬遜成立的初期，他專注於長遠發展，寧可犧牲獲利以換取成長，雖然此舉沒少受過嘲弄。他制定了一個雄心勃勃的策略，希望以低廉的價格為顧客提供更多便利。他說：「我們不會因為想不出如何降低成本而提高價格。我們的創新就是為了降低成本。」[105]

盡全力追求真相求也有助於保持創業心態的公司避免陷入「第二天」困境。亞馬遜一度允許業者在其網站刊登廣告，藉此提高公司的獲利，但此舉受到猛烈抨擊。此舉的另一個風險是，可能導致顧客琵琶別抱，離開亞馬遜的頁面，但此舉符合貝佐斯為顧客提供多種選擇的精神。不過一旦發現廣告其實會掩蓋銷售額停滯不前的問題，貝佐斯鼓起勇氣收回決定，放棄廣告這一個安全毯，並鼓勵領導階層尋找其他的機會。[106]

結構改革有助於在大型組織推廣創業心態，特別是願意放權，讓決策的權與責集中在小型團隊而不是大型部門。大型部門往往因結構複雜而無法主動出擊，導致創業思維逐漸消失，漸漸地自我保護的意識占上風。解決之道是進行結構重整（restructuring），消除複雜性，促進團隊之間的合作。但是進行這類結構重整，領導人必須信守深刻在骨子裡的承諾——公司作為一個組織，應清楚自己的存在意義，並據此制定行動計畫，以便成功脫穎而出。上一章介紹海爾的小微企業就是一例。

分散決策（decentralized decisions）需要做決定的人迅速採取行動執行決定，因為自己所做的決定必須由自己負責，不能委託他人代勞。一旦發現問題以及解決方案，就必須迅速執行。新創公司自然而然會這麼做，但大公司只要沒有深陷僵化的作業流程，也可以採用分散決策。這種隨時可行動的快速反應能力，還可幫助企業建立韌性，因為碰到不可迴避的問題，企業會迅速行動，而不是拖泥帶水，一拖再拖。

重拾初學者之心

創業思維的另一個重要面向是能夠以嶄新的眼光看待市場挑戰和機遇，擺脫過去的承諾和偏見。大多數企業領導人都是經過數年甚至數十年，積極實踐一兩個具體策略之後才躋身到今天的高位。他們確定一個立場或方向之後，堅持不懈地努力前進，加上自律甚嚴，終於爭取到晉升的機會。

問題是，現在的世界非常不穩定，公司需要對開發市場的各種嶄新做法持開放態度。企業需要的領導人須具有「初學者之心」（beginners' mind），這種領導人在看待世界時，不受所在產業多年來形成的分類和解決方案所束縛。

小孩是初學者之心的最佳示範。他們不了解哪些事不可行或辦不到，因此想像力天馬行空。有些孩子能一直保持瘋狂的想法直到成年，而且有足夠的智慧和紀律實現這些大膽想法，比如馬斯克。其他成年人如果選擇不符傳統模式的職涯之路，例如在加入層級分明的體制之前，曾在其他領域工作多年，那麼他們也能保持一些初學者的思維。

要求大多數企業領導人放棄他們看似成功的事業所積累的經驗，也許過於苛求。但是企業可以藉由一些做法或技巧，鼓勵員工挑戰傳統的思維模式，並強迫員工以初學者的心態面對問題。例如，豐田要求員工反覆問自己「五個為什麼」協助員工找到問題的根本原因，強迫員工跳脫熟悉的原因。後續章節將解釋，幾家公司刻意強調不接受員工「不具建設性地反駁」（unproductive noes）——亦即不能完成某項艱鉅任務的怠惰理由。這樣做的目的不是為了羞辱員工，而是為了讓領導人和其他員工擺脫直覺的想法，以免限制公司因應各種可能性的做法。

向所有員工廣傳創業心態

從結構和流程方面著手改革固然有幫助，但人格魅力也很重要。貝佐斯和奧特爾加等創辦人的創業心態往往具有感染力。這些創辦人全心投入工作，言行舉止很容易被周圍人注意，然後很快被模仿學習。領導人的磁吸效應，其他人紛紛模仿，調整自己的行為。這些領導人能激發員工的信心，因為員工看到領導人相信他們和公司的表現。為了幫助公司成長，創辦人竭盡全力，連帶員工也起而效尤。[107]

有些人進度落後，無法跟上其他人的腳步。但是強烈的新創事業心態能激發員工努力做到最好，跟上領導層設定的節奏，而不是偷懶怠惰。

在成熟的公司，這種思維模式並不一定來自「長」字輩的高階領導。一九九〇年代初，ＩＢＭ是一家守舊、僵化的公司，但由於兩名中階員工的努力，它比蘋果或微軟更早地擁抱了互聯網。

如今，創業精神已經滲透到我們的文化想像力，但大多數人不願意靠著刺激和希望過活，也不願意靜待計畫有所進展。大公司可以採折衷做法，鼓勵內部創業（intrapreneurship）滿足員工的需求，讓員工繼續在大公司的安全網裡工作，同時利用公司資源創造一些令人興奮的東西。就像ＩＢＭ的做法，只要員工抱著創業的心態，而且領導人也鼓勵他們實現創業夢，他們就能以有意義的方式塑造未來。

畢竟公司並不是只能靠魅力十足的創辦人維持創業精神。正如資訊顧問公司貝恩（Bain）的合夥人克里斯・祖克（Chris Zook）和詹姆斯・艾倫（James Allen）所言，創業心態是「在那些最成功、永續發展的企業中，你能看見的一種態度和行為，而這種態度和行為能從公司裡最忠心、最具活力的員工身上看到。」[108]

無論員工的背景如何，鼓勵勢不可少。明尼蘇達礦業製造公司（Minnesota Mining and Manufacturing），也就是我們熟知的 3M，一九〇二年開始生產砂紙。但威廉．麥克奈特（William McKnight）從銷售一路晉升，在一九一四年成為公司的總經理，希望公司走向多角化經營。他留意到理查．德魯（Richard Drew），一位從工程學校輟學的二十三歲年輕人，在 3M 的砂紙實驗室幫忙。德魯注意到油漆師傅不滿遮蔽膠帶的品質，因為膠帶黏合劑會留下殘留物或毀損油漆表面。在麥克奈特的支持下，德魯花了兩年時間尋找合適的黏著劑。

但過程過於漫長艱辛，麥克奈特甚至寄了一封備忘錄給德魯，寫道：「我認為你最好還是回到你原來的工作崗位，協助歐基先生製作防水砂紙。」但德魯堅持不懈，最後成功創造出 3M 第一個突破性商品——Scotch 遮蔽膠帶。[109]

谷歌推出「二〇%時間」的政策，成為業界美談，該政策鼓勵員工在公司內部進行創業：工程師平均每週可挪出八小時的工作時間，用於從事本職以外且有益公司的個人創新計畫。雖然隨著時間推移，該政策的效果漸不如前，但一開始確實成績斐然，AdSense 服務便是一例。薩拉爾．卡曼加（Salar Kamangar）等內部創業家發揮重要作用，協助谷歌成功因應關鍵挑戰：通過關鍵字搜尋廣告服務（AdWords）讓 Google 獨領風騷的搜尋功能產生收入。

更令人印象深刻的是惠而浦（Whirlpool），這家擁有七萬名員工的百年企業始終保持著走在前端的創新精神。一九九九年，執行長大衛．惠特萬（David Whitwam）和其他人積極努力讓公司擺脫第二天心態，亦即投資開發吸引客戶的新產品，即使投資成本不斐。更重要的是，他們成立「結構化創意構思會議」（structured ideation sessions），開放機會給所有員工參與創新與發展，只要他們有動力、有願望，都可以貢獻一己之力。[110]公司還設計了軟體，讓所有員工上傳想法，供相關人員參考，加速推動可行的創意。

從構思創意的階段開始，惠而浦就有一套正式的流程，讓員工覺得自己獲得授權，可繼續深耕這個創意，此舉顯示，相較於在不受監督或得不到任何資助下獨自開發產品，在一家成熟的大公司內開發產品明顯地較具優勢。惠而浦的流程始於構思創意，然後進入測試和實驗階段，接著是大規模商業化。

在創意構思會議上，與會者會展示一些新的「發現」，包括消費者一些新的行為、競爭對手的訊息或技術發展。他們讓公司及時了解世界對產品的需求，即使這些發現未必能直接轉化成新產品，但對成熟的組織而言，仍提供了重要訊息，可謂一次寶貴的實際現況查核。

更令人佩服的是，惠而浦對創新想法抱持務實態度，一如新創公司明白自己可能會失敗一樣。惠而浦預期，只有一〇%的創意能大規模商業化，但惠而浦會詳細紀錄沒有成功的創意或想法，因為這些創意日後可能會派上用場，並能為未來的計畫或專案提供資料。這種大規模實驗以及詳細記錄進度的做法，是新創公司做不來的。

惠而浦看重創新，儘管員工的精力、時間和薪資很花錢，但這也顯示，惠而浦理解有獲利的成長對於像它這樣規模以及年齡的企業而言至關重要，而要實現有獲利的成長必須對員工授權。

企業如何在充分支持和允許自由創新之間取得平衡，是一項挑戰，這與新創企業尋求資本時面臨的挑戰並無太大區別。惠而浦採用七〇／三〇的比例，創新計畫必須遵守公司七〇%的流程與框架，包括接受標準工作績效指標和高管的審查。剩下三〇%的作業流程類似新創企業的環境，亦即創新團隊可以根據最適合實現目標的方式自由探索想法、結構和技術。雖然資金充裕，但團隊必須公開競爭。[111]

特斯拉的心態

特斯拉是電動車巨擘，即使成立了二十年、市值龐大，但也從未陷入第二天模式。它是一個特例，但是個非常富有教育性的個案。

特斯拉的創業思維始於存在的目的，亦即加速世界擁抱清潔能源。隨著大家愈來愈擔憂氣候變遷的衝擊，這個存在目的讓原本就艱鉅的挑戰——進軍汽車業——變得更急迫。共同創辦人兼執行長馬斯克不斷提醒員工：「電動車是減輕氣候變遷對人類造成最嚴重衝擊的關鍵。」進軍電動車的過程中，他讓自己踏上英雄之旅，同時鼓勵其他人內化他的使命。

由於專注於存在的目的，所以儘管特斯拉成績斐然，卻依舊能保持簡單，壓抑讓組織複雜化的衝動。它只增加了電池和太陽能部門，這兩個部門完全符合特斯拉的目標。不像許多規模遠不及它的組織，特斯拉至今仍然沒有繁瑣的結構和流程，例如公共關係。

對於一些員工來說，馬斯克的喊話夠份量，但對於其他人呢？尤其特斯拉的業績似乎遙遙領先其他競爭對手，還須戰戰兢兢嗎？他和其他領導人如何向人數急增的員工推廣創業思維呢？他們的做法是要求同事完成不可能的任務——但是這要求讓員工覺得自己被賦予重任，而不是覺得無助不知所措。有人付出「一一〇%的努力」，這讓其他人害怕跟不上他們的速度。大家勇於承擔高標準，而不是感到不堪重負。

大多數特斯拉員工並不與馬斯克在同一間辦公室上班，但公司有促進創新的規定，所以不須要求數千名員工都要完全改變心態。特斯拉發揮上一章描述的企業文化力，成功地讓創業思維傳播到整個組織。

其中一個原則是回歸到「第一原理思維」（first principles）解決問題，而不是依循傳統智慧或最佳做法。這是特斯拉解決難解問題的唯一方式，也成了特斯拉的特點之一。另一個原則是直接去找能提供必要訊息的消息來源，無須顧慮這消息來源的地位是高是低。眾所周知，馬斯克若需要什麼必要訊息，他習慣直接去找能提供該訊息的員工，而不是透過他們的主管。再者，當他聽取團隊的簡報時，他會積極參與討論，挑戰他們的觀點，並像團隊中的一份子，共同找出解決方案。

透過這些共同行為準則，馬斯克示範了「我來扛」的工作態度、尋求真理的敏捷思維、以及全力以赴迅速付諸行動的精神。管理階層和員工仿效他這種行為，形成了強大的企業文化，也避免陷入「第二天」的困境。

另一個引人注目的行為準則是拒絕被限制。眾所周知，如果員工對解決方案提出「不具建設性地反駁」，馬斯克會解雇他們。特斯拉一路走來，實現了許多以前被認為不可能實現的目標，而挑戰極限正是公司的策略之一。馬斯克瘋狂的要求逼迫員工放棄不可能完成任務的思維模式，發揮堅韌不拔與不斷嘗試的精神，直到突破一開始的困難。[112]

這就是創業心態的核心。鼓勵員工勇於踏上英雄之旅、克服艱鉅的挑戰、發掘並發揮自己未曾察覺的能量。創業心態並不適合每一個人，但許多優秀人才覺得這是令人振奮的體驗。他們齊心努力，可以讓成熟公司擺脫故步自封或安逸的狀態。

第6章

掌控節奏

音樂是節奏，所有舞台劇是節奏。無論是莎士比亞的詩劇還是音樂劇，都得講究節奏、變化和脈動。

——黛安．鮑魯斯（Diane Paulus），美國導演

二〇一八年全美大學體育聯盟（NCAA）男籃全國錦標賽即將開打，維吉尼亞大學騎士隊（Cavaliers）的教練東尼．班內特對球隊深具信心。在常規賽期間，原本大家預期這是騎士隊換血重建的一年，加上該隊一開始也沒有擠進排名，沒想到球隊一路輕鬆過關斬將，一舉拿下分區錦標賽的冠軍，順利取得頭號種子優勢。

該隊在凱爾．蓋伊（Kyle Guy）、德安德烈．韓特（De'Andre Hunter）和泰伊．傑羅姆（Ty

Jerome）三位未來NBA球星的帶領下，在常規賽創造了前所未有的佳績。《今日美國報》（*USA Today*）的記者史考特・格里森（Scott Gleeson）盛讚該隊「不論是進攻還是領先全國的一流防守，都完美掌控了節奏。」

然而，騎士隊在NCAA全國錦標賽的首場比賽對戰未受矚目的馬里蘭大學巴爾的摩分校（University of Maryland at Baltimore County）的獵犬隊（Retrievers）時，卻遇到了逆風。在上半場來回拉鋸後，獵犬隊在下半場壓倒性擊潰騎士隊。格里森對此做了分析，稱：「騎士隊在攻守轉場中輸了球，這是很少見的現象。騎士隊多次讓對手突破防守，切入禁區（罰球線）直逼籃下，次數之多，高於本賽季任何一場比賽。包括幫隊友做掩護等所有進攻動作，都變得遲緩……獵犬隊從一開始就主導了比賽的節奏。」

維吉尼亞大學騎士隊一直是整個賽季中最有效率的球隊之一，但他們變得自滿，沒有更努力掌控比賽的節奏。反觀獵犬隊裡有一位天份沒那麼高的新進球員，他的努力與上進，打亂維吉尼亞大學的節奏。籃球不僅講究速度，也講究節奏。攤開大學籃球史，跌破眼鏡的比賽全都與節奏有關。[113]

為什麼節奏很重要？

工商界講究的不僅是速度，它還講究節奏——控制活動的節奏，根據需要加快或放慢速度。

一味地快速前進，無法維持長長久久，不過也有太多公司滿足於相對固定以及輕鬆的速度。永續創新的公司擁有快節奏的企業文化，它們遵循簡單的規則，一旦機會來臨，會立刻加快步伐。而其他時候，即使放慢前進的速度，也會保持深思熟慮和警覺的態度。[114]正如鮑勃・蘇頓（Bob Sutton）所言，如果公司一直快速發展，「職員會感到困惑、不滿，事情就會接二連三出錯。」關鍵是要適時暫停或放慢腳步，尤其是遇到複雜或高風險的情況。[115]

讓我們從大學籃球賽轉向動物世界。說到受人喜愛的動物榜單，獅子應該排在前十名。獅子總是給人一種正面形象：不妨想想《綠野仙蹤》（*The Wizard of Oz*）、《納尼亞傳奇》（*Chronicles of Narnia*）、《獅子王》（*Lion King*）等電影，以及孩子「模仿獅子咆哮」的感人影片。獅子讓人聯想到力量，這個連結深入人心，而且非常站得住腳：畢竟獅子是最兇猛的動物之一。為什麼獅子力大無窮呢？

獅子是掌控節奏的大師。牠們一生中，大部分時間都保持冷靜。獅子多半時間都在休息或放鬆，但牠們的體力足以讓人肅然起敬。獅子的力與靜並存，這是任何人都希望擁有的狀態——強大又冷靜。

一群共同生活與獵食的獅群，英文的說法是「a pride of lions」。這真是非常貼切的單位詞：獅子勇猛有力、振奮人心，的確有驕傲的本錢。獅群是母系社會，由母獅領導，負責獵食與撫養幼獅。（雄獅負責保護獅群的領地不受其他獅群入侵）。幼獅崇拜母獅，因為母獅是牠們學習的榜樣。[116]

像獅子一樣掌握節奏

我們可以從獅子身上學到很多東西，尤其是節奏。當獅群出外獵食時，母獅知道如何變換節奏。一開始時很有耐心，長時間盯著獵物。同樣，敏捷、創新的公司不會匆忙推出產品，而是會先花些時間發掘客戶可能需要什麼，思考能否變現這些可能性——然後飛撲上去。

節奏突然改變。當母獅從埋伏的地點現身，跳出來追逐獵物時，必須快狠準，沒有時間可以浪費。牠們加速衝向目標，齊心協力不讓獵物有任何逃脫的機會。如果在追捕過程稍有鬆懈，追捕行動就會失敗；同理，如果領導人沒有掌握節奏，組織的螺絲就會鬆脫。組織運轉的節奏必須由最高層確立，然後往下遞延。

狩獵包括兩個截然不同的環節和兩種速度，其中跟蹤所花的時間最長：獅子不動聲色靠近獵物，通常目標是一大群動物，所以獅子會決定哪個位置最有利，以及鎖定哪些目標。牠們計畫、謀略、敲定策略，然後行動。牠們有驚人的爆發力，以高達五十英里（八十公里）的時速無情地撲向獵物！追捕的過程中，牠們的決定與判斷必須快如閃電，直到追上獵物才能停下來喘口氣。

因此，節奏不僅關乎行動，也關乎決策。這是掌控節奏的第一原則。貝佐斯在區分第一類決策和第二類決策時，也概述了類似的商業決策。

第一類決策對應的是貝佐斯所說的「單向門」（one-way doors）。它們是影響力大且難以逆轉的決定，所以需要大量數據和深思熟慮，因為牽涉的利害關係與風險都大。在這種情況下，你持續進攻，但行動非常謹慎，事前會深思熟慮。

反觀第二類決策的可逆性很高，重要性也較低。有經驗的人可以利用有限的資訊，迅速做出第二類決定。獅群中可讓任何一隻母獅子率先捉到獵物，但首先得由領頭的獅子決定該接近哪隻獵物。

確定目標是重大承諾，代表願意承擔責任與風險——如果獵物速度太快、體型太大或位置不易靠近，獅群就再也沒有第二次機會。獵物脫逃，獅群就會挨餓。當獅子全速撲向獵物時，分析工作已經完成，這時速度是關鍵，獅子依賴本能和直覺反應追捕獵物。

這兩類決策可能是用以區分組織放緩或加速行動之別。第二類決策若失誤，可能只是路上磕碰了一下，但該快速下決定時，卻花時間再三斟酌思考，則會造成災難性後果。第一類決策的情況恰恰相反，這類決策必須深思熟慮——但即使是第一類決策，也不能久拖不決；到了一定的時間，組織還是得採取行動。在一個不敢挑戰極限的組織中，冷凍或擱置有經驗有技術的員工，只會導致組織停滯不前。

凱西・艾森哈特（Kathy Eisenhardt）發現，在快速發展的電腦業，即使是策略決策，公司也必須在合理範圍內迅速做出決定。業者仍然會參考大量的訊息進行廣泛討論，但會採用嚴謹的捷思法（heuristics），避免在決策過程中猶豫不決。[117]

不妨想像一下，你領導一支全新的賽車隊。第一類決策涵蓋參加哪種比賽？買什麼車？誰是車隊的核心主力：賽車手、首席機械工程師等等。這些決定都會主導車隊的未來走向，所以需要慎重考慮。

車隊應該花五個小時決定車隊隊徽的顏色嗎?當然不，這只需一兩個人（兩人一組）在五分鐘內搞定。為了打造跑速第一的賽車（這可是非常重要的決策），團隊的節奏必須迅速又審慎。在引擎上多花幾個小時，可能就會影響比賽的成敗。同理，市場上的新產品也是如此。

有意識地選擇衝刺

掌控節奏的第二個原則是隨時做好衝刺的準備。頻繁衝刺是敏捷開發產品的重要一環，目的是快速推出「最小可行性產品」（MVP）或其他成果，進而獲得重要訊息，例如客戶的需求。團隊被迫在極盡壓縮的時間內全速衝刺，克服因為謹慎和選擇障礙而導致的延誤現象。藉由衝刺掃除一切隔閡與誤解——團隊可沒有時間陷入猶豫或選擇障礙的泥淖，他們知道無論做出什麼產品，都是先求有不求好。衝刺逼迫產品開發人員快速行動，以便獲得最重要的市場資訊。

但是當威脅或機遇出現時，衝刺在整個敏捷創新組織也站得住腳。團隊必須快速擬出與落實新想法或新策略，不會受困在第一類決策的深思階段。行動之前，團隊（或領導人）一直仔細觀察局勢，並規畫進攻（或防禦）的行動。然後突然下令行動就立刻採取行動。[118]

要讓衝刺能夠發揮作用，團隊需要更多的自由，避免受到日常例行工作的束縛，以便專注於一個範圍相對狹窄的任務，迅速做出決策。領導人需要支持團隊，讓成員能專注於處理迫在眉睫的問題。

此處的靈感來自世界足球名將梅西（Lionel Messi），他是阿根廷人，目前效力於法國隊。專家分析他在場上的動作時，發現他走動的次數遠多於其他球員，而且比賽一開始的前幾分鐘，他很少跑動。他不僅在節省體力，也在評估場地和對方，制定進攻策略。他移動緩慢，所以能在適當的時候急速衝刺——他的進球和助攻次數均高於同時代的其他球員。他是懂得在適當時機衝刺的大師。[119]

和梅西一樣，公司不可能一直保持衝刺。當團隊有意識地放慢腳步，同時盡全力完成迫在眉睫的目標，他們能更深入、更快速地實現目標。他們可能放慢營運速度（行動速度會變慢），但會加快策略速度（實現價值的速度會變快）。全速進行第二類衝刺之前，得先審慎思考屬於第一類的決策。[120]

節奏不只是速度而已

除了快或慢，我們還可以從獅子身上學到更多。以下是幾條簡單的原則：

保持警覺。掌握節奏的好處之一是對機會保持警覺——以免陷入自滿。獅子在獵捕後需要休息恢復體力，以便在下一次狩獵時全力以赴。但母獅必須時時保持警覺，不放過任何機會。同理，人也需要休息和恢復體力，以免過勞，也才能在下一次的行動全力以赴。儘管員工可以休息，但整個組織可是永遠無法停擺。因此在上一章闡述了亞馬遜的「第一天」心態。

這正是維吉尼亞大學騎士隊在二〇一八年出人意表輸球的原因。他們在常規賽出色地調整了節奏，為關鍵時刻積蓄能量，並不負眾望，取得驚人佳績。但後來他們開始自滿，在最關鍵的時刻不再快速反應，敗給一支比之前手下敗將都弱的球隊，賽季就此結束。在那場比賽，他們抱著「第二天」的心態，結果就付出了慘痛代價。

這種警覺性不僅限於眼前的威脅或機遇。二〇一四年，亞馬遜改造物流配送系統，建立分揀中心，希望提高假日配送的效率，這個過程的關鍵在於每天包裹的配送必須穩定，但亞馬遜合作的主要貨運公司優比速（UPS）和聯邦快遞拒絕在週日送貨。[121]

亞馬遜高管戴夫．克拉克（Dave Clark）找到了巧妙的解決辦法：與美國郵政總局（USPS）達成里程碑協議，郵政總局願意提供週日送貨服務，讓亞馬遜順利繞開與優比速和聯邦快遞的衝突。保持週末送貨的穩定性後，大大降低了成本。然而亞馬遜還不滿足。

這場危機讓亞馬遜決定徹底改變配送系統，將送貨環節外包給獨立承包商，這不僅降低運送的成本，也減少了公司對大型貨運公司的依賴。相較於現有的配送系統，與美國郵政總局的突破性合作是一大進步，但管理層並沒有因此自滿或自鳴得意。他們看到了更多的商機，迅速採取行動。

如果獅子有很長一段時間停止捕獵，結果只會餓死。即使最後一次行動抓到的是最美味的獵物，牠們也不會停止狩獵。因為一旦牠們停止，其他動物會搶走牠們的獵物，導致牠們糧食不足而無法生存。企業也須保持同樣的心態，否則會因自滿而亡。一家善於掌握節奏、不自滿的公司會締造驚人的佳績。只須看看現在的亞馬遜就會明白這個道理。

領導人必須在機遇出現時快速行動以及長期耐力戰之間取得平衡，因此他們需要時時對組織的運作保持警覺性。健康的員工的產能高於疲憊不堪的員工，公司必須關注員工的體力狀態，以便充分發揮員工的能力。二〇二一年，Bumble，「女權主義版的約會軟體」，迎來繁忙的一年，包括股票首次公開發行上市、用戶數量大幅成長。因此公司創辦人兼執行長赫德（Whitney Wolfe Herd）告訴全球七百名員工，六月帶薪休假一週，而且完全下線。她知道，組織必須保持飢渴狀態，不斷前進與追求卓越，因此員工不能疲憊，必須休息。

保持疑懼（Stay paranoid）。獅子在狩獵時會擔心萬一獵物脫逃，怎麼辦？所以結束狩獵之前，牠們不會自大，也不會認為自己已經勝券在握。獅子會毫不鬆懈地追逐獵物，直到獵物到手。如果我們在行動時也保持這種健康的「萬一……怎麼辦」的疑懼，有利保持專注以及警覺性，不受外界影響。不再保持疑懼的公司會變得自滿，同樣的情況也會發生在人身上。疑懼是保持適當節奏的關鍵，確保你不會鬆懈。

看看英特爾在網際網路興起時的傲人成績。執行長安德魯．葛洛夫（Andrew Grove）不會讓公司在個人電腦市場的龍頭地位自滿。他認為，恐懼，甚至是輕微的疑神疑鬼（偏執）——擔心世界正在發生不利自己的事情，其實是一種健康的解毒劑，可以消除成功後滋生的自滿心態。[122]

葛洛夫經常質疑自己，並嘗試用新的方式解決問題。第二類決策仍需要靠本能與直覺，但不斷懷疑自己是否沒有用到最有效的解決辦法，則是與時俱進的健康心態。當一個企業拒絕承認自己的做法已經過時，會發生致命性災難。

這種疑神疑鬼的疑懼心態讓公司隨時做好準備，因應快速發展的市場，因此得以存活，而許多第一代網路巨擘卻失敗收山。誠如在上一章創業心態所強調的，百視達公司就是因為自滿而失敗的典型代表。正如一位觀察家所指，「他們忙著靠錄影帶出租店賺錢，根本想像不到有一天顧客可能不再需要他們。」[123]

想像一下，你是上述賽車隊的車手，如果是在空曠的賽道上練習，繞一圈下來，你可能會開得不錯。接著想像一下，開第二圈的時候如果速度不夠快，恐怕無法晉級到冠軍賽，這時你可能會加速馬力，因為表現不佳可是會讓你提早出局，與賽季說拜拜。

這並不是說，威脅是激勵員工加速前進的正確方法。實際上，懲罰式威脅往往比積極的獎勵更不利加速工作進度。無論是威脅或獎勵，我建議都不要用。更好的辦法是讓每個人都保持疑懼心態，未達目的之前，全體疑神疑鬼，不敢鬆懈或自滿。

回顧維吉尼亞大學籃球校隊的表現。如果騎士隊有目的性地疑神疑鬼，在面對種子排名較低的對手時，一定會全神貫注，說不定最後還能輕鬆贏球。維吉尼亞籃球隊失去了激勵他們整個賽季表現出色的疑懼心態，因此失去了對節奏的掌控。

具備廣闊的視野。我們稱獅子是「萬獸之王」，原因之一就是牠們的視野廣闊無際。當其他動物專注於眼前的環境時，牠們放眼掃視，尋找潛在的威脅和機會。

二〇一七年，亞馬遜靠著熱賣的 Alexa 應用程式和 Echo 音箱喇叭，成為全球銷量第一的揚聲器公司。按照亞馬遜典型的做法，Alexa 既然成長速度驚人，公司會要求全國各地的團隊聚焦在 Alexa。亞馬遜甚至讓每一位新進員工選擇，是要到他們原先應徵的單位工作，還是改轉到 Alexa 部門任職。[124]

但亞馬遜並未止步於此。谷歌剛推出自己的智慧音箱喇叭後，亞馬遜的領導層希望追求更大的成就，他們的眼界不受束縛。貝佐斯深夜收到一封電子郵件，來信者詢問為什麼音箱喇叭沒有在其他國家販售，第二天一早他就要求團隊想辦法，讓 Alexa 走出美國，海外也買得到。他從未讓亞馬遜停滯不前。

結合雄心壯志和擔心失敗的疑懼，讓領導層質疑大家對時間的習慣性推算。當員工預期某專案需要五週時間完成，領導人會追問為什麼不能在一週內完成。保持最佳節奏的公司，行動速度之快總是超出外界預期，部分原因是會把精力保留到關鍵時刻。一位跳槽到特斯拉的汽車業資深人士說：「在特斯拉只需要開一次會和五天的時間就能搞定，但在雷諾（Renault）或奧迪（Audi）則需要六個月的時間。」[125]

獅子征服領地成為萬獸霸主之前，是不會罷休的。要是你不希望自己的企業處於食物鏈的中間位置，或像家貓一樣，被別人的決定擺佈或束縛。你要讓自己的事業站在產業的頂端。不要對自己設限。

掌控節奏，保持敏捷

陷入困境的企業如何才能掌控或重新掌控節奏？不妨看看維吉尼亞大學（Virginia）籃球隊如何因應二〇一八年全國錦標賽那場爆冷門被逆襲提早出局。它不僅在次年的常規賽表現出色，一路闖進NCAA全國錦標賽，並奪下二〇一九年全國總冠軍。（鄭重聲明，我不是這支球隊的球迷；只因為這支隊伍是相當有趣的例子）

二〇一八年錦標賽結束後，班內特（Bennett）教練知道必須做些改變。球隊的節奏穩健——防守出色，進攻已經像頭獅子，緩慢移動養精蓄銳，只要得分機會出現立刻發動猛攻。但是他制定了一套戰術，以免球隊陷入自滿。他設計了一些新的策略，提高打法的敏捷性，讓球員更能抓住進攻的機會。[126]

記者格里森（Scott Gleeson）的報導指出：「騎士隊的速度仍然比其他球隊慢，但連續成功地掩護運球者進攻，搭配blocker-mover的戰術（一些球員負責擋住防守者，而其他球員快速移動尋找投籃機會），球隊優秀的防守實力，結合精湛的進攻，攻守俱佳。班內特不會在防守方面讓步或妥協，在進攻中偏好有條不紊的謹慎打法，但他不怕做些微調。」透過這些調整，球隊重新掌控了節奏，並在二〇一九年全國錦標賽中一路過關斬將，抱回冠軍。

對許多公司而言，敏捷性是掌控節奏和保持敏捷性的關鍵，以利快速因應不斷變化的市場。第3章「對顧客著魔」指出，全球服飾零售商ZARA在這方面表現非常出色。店面每週更換三分之一以上的現貨，每三天補貨一次。不同於其他服飾商一季只陳列一個商品系列，ZARA則會根據顧客的需求經常更換產品。[127]

ZARA靠著低毛利、薄利多銷，大幅提升市占率。快速補貨讓店面得以用極少的成本，淘汰賣相不佳或過時的產品，所以能比競爭對手更迅速地適應市場變化。在潮流變來變去的服飾業，快速的適應力至關重要，但這個概念也適用於任何一個產業。ZARA的營運模式假設，一半甚至一半以上的產品會賣得好，因此公司不會被壓垮；它有足夠的備用資源，不怕替換掉不受市場歡迎的產品。

特斯拉是另一家善於適應市場新趨勢或新需求的公司。它的企業文化特徵是反應迅速、不講究官僚式的管理系統（參見第5章），因此能比競爭對手更快速地滿足客戶的需求。員工經常會收到執行長馬斯克的電子郵件，即便是三更半夜，馬斯克也會通知他們最新進展或他擔憂的事情，要求他們採取行動。因為反應迅速，特斯拉能夠充分掌握改變的契機，順利取得傲人的競爭優勢。[128]

黑莓（BlackBerry）則是缺乏敏捷性和節奏感的公司。黑莓機隕落慘遭淘汰，過程令人瞠目結舌。二十一世紀初，黑莓公司推出第一款智慧手機，黑莓機成為智慧手機市場一支重要生力軍，黑莓公司一度稱霸這個新興產業，但隨後放鬆警戒，忽略繼續創新的重要性。當蘋果和其他競爭對手使用觸控螢幕、新增照相功能時，黑莓沒有改變節奏，加快速度跟上潮流，因而失去了大幅領先的先發優勢。[129]

由明星擔綱

許多企業一旦擁有了一組受歡迎的產品或服務，並不會另眼相看這些明星商品，或是給予它們特殊待遇，反而傾向於一視同仁。不過以節奏為導向的組織或團隊，比如維吉尼亞大學籃球隊，則更清楚明星的重要性。他們會給明星球員更多的上場時間。

在二〇一九年，騎士隊的三名明星球員全部回歸，每人平均上場時間約三十三分鐘，相當於全場四十分鐘比賽時間的八三％。另外只有兩名球員平均上場時間超過二十分鐘，其餘球員的平均上場時間都在十分鐘以下。這種讓球星擔綱的做法在大學校隊和職業隊非常普遍，但企業界不流行這種做法。[130]

為了最大化資本回報率以及保持產品在市場的競爭力，公司不應畏懼將資源從表現不佳的產品中撤出。任何新產品都需要時間進行實驗以及從失敗中累積經驗，但過了一段時間，有效率的組織必須放棄未達標的專案，將資源集中到其他計畫。這道理不僅適用於銷售令人失望的產品，跟不上非市場規定（non-market requirement）的產品也必須淘汰。留戀過去會影響跟上當前趨勢的步伐。

不出所料，ＺＡＲＡ在這方面表現出色。ＺＡＲＡ的母公司印地紡關閉了十分之一門市，因為它們未達到公司內部制定的標準。淘汰表現不佳的部門對於保持節奏非常重要，因為組織的各個環節必須相互協調配合。[131]

這種邏輯同樣適用於員工。第4章闡述比馬龍效應，指出在網飛只有表現優異的員工才能續留，表現不佳的人則會被勸離或被迫走人，這樣做總好過花費更多資源在不適任的員工身上。正如一位員工所言：「夢幻團隊不見得適合每個人，所以沒關係。」[132]

特斯拉也會毫不留情解雇不符要求的員工。此外，特斯拉還非常重視招聘，嚴格篩選員工，這一點第5章已提及。跟不上節奏的人通常會被迫辭職，與其說是被人資部門開除，不如說是受公司文化的影響。在這樣的節奏下，沒有人願意成為別人負擔，讓別人失望。員工要嘛跟上節奏，要嘛離開另謀高就。

亞馬遜的規模更大，許多人屬於半熟練員工，所以公司需要輔導與培訓他們，但同時也會不留情地解雇不合格員工。倉儲物流中心安裝了先進的追蹤監視系統，可以看到誰進度落後，誰表現出色。主管和人力資源部門經常約見表現墊底的一〇%員工，幫助他們提高工作效率。這處於後段班的一〇%員工，大多數人最後都得到了改善。[133]

從內部儲備人才

掌控節奏不是那麼簡單，需要即時迅速做出調整，要做到這點取決於主要參與者必須能高度信任彼此，所以最好的辦法就是從內部培訓儲備人才。為維吉尼亞籃球隊奪得全國錦標賽冠軍的三位明星球員，都是從大一新生就加入校隊，並非中途加入的轉學生，所以三人已經在一起合作了至少一個賽季。

公司可以透過垂直整合培養這種互信，公司應把供應商和經銷商視為同事，而非承包商。你掌控的流程與環節愈多，愈能迅速調整速度及時把握商機。將業務外包給專業公司，有助於降低價格、提高效率，如今每家公司都必須藉助外包才能成功。但如果有些業務攸關公司未來的成功，公司應慎重考慮是否外包。再者，若外包的經濟效益極具吸引力，公司最好能付出額外心力，經營與供應商的關係，讓雙方建立良好的合作關係以及互信。

因此，蘋果公司在二〇一〇年代做出重大決定，找到一家合作的代工廠，開發蘋果自家的電腦晶片。蘋果執行長庫克（Tim Cook）表示，公司的「長期策略是擁有並控制蘋果自家產品背後的核心技術」。亞馬遜也開發自己的晶片，而不是向英特爾等老牌供應商下單採購。[134]

建立穩定的節奏

反覆地一下加速、一下減速會嚴重破壞團隊的計畫，更不用說組員的神經了。大多數敏捷、創新的公司都有相關政策，雖然不要求完全井然有序，但至少要有相對穩定的節奏或步調。

一個常見的政策是「心跳，而非手銬」，目的是與外在環境發展的節奏保持一致，讓兩者「心跳」速率一致，這樣開發人員就不會落後太多而需要「手銬」加以約束或限制，以免錯失良機。另一個常見政策是配合內部的變化和需求。第三個政策是落實快速但定期的查核，這麼做的主要目的是讓組織多少可預測到未來的變化，同時保留一定的敏捷性，可以根據需要突然更動也沒問題。[135]

另一種方法是讓組織保持鬆散的結構，以利大幅提高敏捷性與彈性。例如，亞馬遜的高層領導團隊會不斷換人，但其他公司則偏好「長」字輩的管理層（C-suite）是固定班底，由六到八人領導公司的主要部門和營運。這種穩定性讓辦公室政治學相對容易處理，但會造成藩籬，阻礙追求各種可能性所需的協調和快速調整，而且在危機發生時，這種結構也極具殺傷力。

亞馬遜有一支「資深團隊」（S-team），由二十名左右的高階主管組成，會根據當前的需要和機遇經常換人。資深團隊負責制定策略、建立企業文化和應對危機。因此成員握有大權，但因為沒有固定頭銜或職位，所以少了趾高氣昂的權威與官氣。由於成員變動頻繁，可能難以讓團隊保持十足的默契，但公司堅持把每個問題都寫成六頁長的備忘錄。資深團隊每一名主管莫不花上大把時間將問題濃縮成一份六頁長的資料，讓會議上每個人都能快速瀏覽、消化和討論。清楚掌握問題，加上步調一致，讓亞馬遜在不得不改變節奏時，能夠堅定地全力以赴。[136]

保持敏捷與彈性有利公司調整節奏，設定匹配當前能力的步調，在情況發生變化時，不至於陷入困境。蘋果授權員工，鼓勵他們不斷提出問題，挖掘「深層知識」，深入了解真實情況，以免員工慣用陳腔濫調和落落長的解釋搪塞。任何人若對答覆不滿意，都可提出質疑。

組織結構和流程決定敏捷力

以下是一些幫助企業掌控節奏的結構性做法，畢竟一個組織的結構和流程在很大程度上決定了它能多快做出因應，調整節奏的快慢。沒有一體適用的完美做法，因為不同的模式放到不同的產業、文化和環境，也許效果更好。但是無論你的組織是何種結構或形式，一些基本原則還是通用的。

剷除障礙。組織若持續發展，大到不是每個人都認識彼此的程度，一定出現官僚主義。但是永續創新的公司會減少不利進行重大調整的阻力與摩擦。這些阻力不僅包括部門各自為政的孤島現象，還包括對公司貢獻微乎其微的工作項目，有些工作讓員工覺得自己大材小用或負荷過度，有些則充滿爭議。

這現象在微軟尤其明顯。納德拉二〇〇四年接掌執行長之前（參見第2章），工程師認為他們的想法並沒有轉化為成功的商品。納德拉回憶當時的情況，稱：「他們帶著遠大的夢想加入微軟，不過感覺自己每天似乎只是在應付管理高層，應付繁瑣費神的流程，以及在開會時吵架。」

納德拉決定減少管理階層，讓工程師擺脫體制的大部分束縛，以利他們實現夢想。正如他所言：「他們成為微軟的主流，不再像叛徒一樣每天只會激烈對抗。」有了他們的加入與支持，微軟可以借重他們的能力以及想法，因應突如其來的機遇和威脅

這情況也發生在網飛。網飛的前人資長尼爾說：「我很少看到其他公司能想出辦法，網羅有

能力的人加入公司後，讓他們真的覺得自己被賦權、被看重，覺得自己彷彿是公司的主人。我認為，大多數公司在成長與發展的過程中，都會害怕失序，所以開始貫徹各種流程、政策和規則，結果拖慢了每個人的腳步。接下來會你會看到，高績效的員工會非常沮喪，因為他們只是想發揮自己的想法與創意，卻處處受阻，於是他們只好另謀高就。網飛招聘了最優秀的員工，放權讓他們自由發揮，完成卓越的成績。網飛不會設障礙刁難他們，讓他們難以完成計畫。」[137]

特別值得一提的是，網飛信任員工，授權他們簽署合約，有權決定公司該支付多少費用，員工權限之大，超出大多數公司可接受的程度。但是網飛認為，這麼一來，員工不會被雜事纏身，可以專注於正事，根據需要加快或放慢節奏。儘管二〇二二年訂戶成長放緩，迫使網飛必須削減成本，但依舊讓員工保持這種自由度。[138]

淘汰低效做法。除了直接設限，還有諸多阻礙高效表現的結構。例如，團隊過大，往往難以協調、考慮過多，導致決策緩慢等等。因此，亞馬遜制定了「兩個披薩」的規則：大多數的專案，參與人數不超過十人——兩個披薩就足以餵飽一個團隊。這個規定讓團隊有足夠的人數進行創造性磨合，但又不會過多到意見太多，導致不具建設性的摩擦或衝突。「兩個披薩」的規定代表團隊可以專注於客戶、迅速做出決定、有效地分配精力。

多半由同一個人領導多個團隊，這有助於管理複雜的專案（如 Alexa），讓重疊和衝突降到最低，同時協助團隊互相協調，朝整體目標邁進。這些團隊在很大程度上仍然是獨立作業，但在領導人和高層明確的指導下，可以促進團隊之間的合作。畢竟，當團隊努力思索創意與解決方案時，受到的限制愈少，就可以保留更多的精力在工作上，包括如何將想法與解決辦法應用在當前的挑戰。

敏捷是亞馬遜文化的註冊商標。亞馬遜的領導層發現，兩個披薩的小團隊概念在產品開發以外的部門並不見效，因為團隊領導人得一心多用，同時負責多個專案，而非從頭到尾全程只負責一個專案。於是亞馬遜發展出單線領導模式（single-threaded leader）取代兩個披薩的團隊模式。亞馬遜發現，團隊的優異表現和敏捷性取決於領導人的素質和全權負責的範圍，而非團隊的規模。在單線領導模式下，亞馬遜讓每個團隊的領導人集中心力，竭盡所能成功完成被交付的專案工程。亞馬遜智慧硬體設備的資深副總戴夫・林普（Dave Limp）指出：「創新失敗的最佳方式，就是讓某人把創新當成兼職來做。」

在單線領導（STL）團隊模式下，領導人一次只負責一個專案，但專案規模與團隊人數可大可小，而非僅限於小團隊。領導人可全權自由評估需要解決的新產品問題，決定需要多少個團隊，分派每個團隊負責的工作項目，以及每個團隊的規模應該多大。[139]在這個領導模式下，由於決策速度更快、創造力更旺盛、責任心更強，因此創新速度也更快。

此外，亞馬遜縮短培訓時間，希望員工能從工作經驗中學習與精進。倉儲物流中心一位前任經理指出，儘管他沒有任何管理經驗，但是上班後不到兩個月，他就能管理幾十個人，主要是因為人力資源部門非常幫忙與支持，他邊做邊學，很快就掌握工作技能與職責。倉儲物流中心也跟著受益，能更快有了一位稱職的新經理，就職速度快過傳統培訓。亞馬遜信任員工能夠勝任各種挑戰，隨機應變。

目標明確。掌控節奏的組織需要明確的努力目標。如何抵達目標所在的終點線取決於市場變不停的趨勢以及競爭態勢，但明確的目標能讓組織保持堅定，不隨波逐流，並促進合作。這正是阿里巴巴能在數位技術和電商領域保持領先的關鍵。根據領導層的引導與指示，阿里巴巴愈來愈依賴人工智慧。在當今技術發展一日千里的時代，明確的目標讓阿里巴巴保持競爭優勢。以下是一位員工的解釋：

> 鼓吹數位轉型的傳教士必須了解未來世界的樣子，以及他們所在的產業將如何因應社會、經濟和技術的變化。這些人無法具體描述公司實現目標的步驟，因為環境變化太快，也無法預知他們需要哪些能力。但是，他們必須清楚知道公司想要實現的目標，並創造一種環境，讓員工能夠快速打造實驗性產品和服務，測試它們在市場的表現，若某個創意得到積極回饋，就擴大它的規模。數位化領導人不再只負責管理；相反地，他們協助員工創新，並鼓勵用戶針對公司的決策和研發提出回饋，形成一個核心回饋迴路。

強調存在性目的的領導人能輕易提出明確的目標，因此能培養充滿創意和擁抱創新的文化。引用一句體育口號：「清澈的雙眼，充實的心，不會輸。」

特斯拉一位前主管指出，執行長馬斯克極端看重目標明確。他將公司的願景濃縮為清晰而具體的優先事項，以便吸引人才加入公司。他堅信，如果你希望員工善盡其職，希望招聘到聰明人，必須有明確的目標和規則。馬斯克確定了公司的目標，接下來就看員工的表現。

頻繁查核。大型會議或開不完的會的確會降低產出效率。但是定期召開簡短會議、提供更新資訊等等，確實能讓許多活動按照適當的速度以及正確的方向前進。查核的頻率取決於專案的緊迫性或複雜性，以及組織期望的節奏。

定期開會也有助於建立節奏，保持步調一致。這些會議會提醒最後期限的日期，催促團隊以更快的速度完成工作。有些專案可能只在結束時交付一樣完工的產品或成果，但定期更新資訊可讓領導層和其他團隊了解進度，同時確保節奏穩定。雖然團隊需要很大的自由度，但每個人都應被及時告知最新進度，並受到鼓勵向前挺進。

控制混亂

這就是二十一世紀企業面臨的兩難：既要給予團隊自主權，又要團隊間互相協調配合，以利快速完成一些活動，其他活動則維持合理、可持續的速度進行。每家公司都像參加二〇一八年NCAA全國錦標賽的維吉尼亞籃球隊一樣，容易放鬆警惕，失去對節奏的掌控。這就為實力略遜一籌的對手開了方便之門，讓對手可以透過加快速度搶占先機，進而贏得比賽。當維吉尼亞騎士隊在第二年重新找回節奏時，已經銳不可擋了。

新冠大流行病給了全球一個千載難逢的機會，讓我們目睹哪些公司無法調整自己的節奏，哪些公司可以。以美國居家健身器材公司派樂騰（Peloton）為例，因為疫情，健身房紛紛結束營業，派樂騰迅速成為市場寵兒。這一個悲劇事件原本可以成為派樂騰的天賜機遇，但該公司卻沒有隨機應變，緊抓住契機。我們可以指出它有三個不足之處：

一、**未充分看清現狀。**派樂騰沒有看到新冠疫情對全球市場以及日常生活的深遠影響。它沒有從更廣泛的視野看待它所處的環境。

二、**反應遲鈍。**當派樂騰終於意識到世界已經發生變化時，它們改變營運方式的行動卻仍然緩慢。我們尚不清楚原因，但頻繁的會議、結構性障礙、目標不明確等等，都可能是原因之一。派樂騰沒有足夠的警覺性，也沒有保持疑懼，所以無法快速行動，跟上市場需求。

三、**執行緩慢。**部分原因是公司行動緩慢，當它終於增加訂單和產能時，供應鏈卻陷入瓶頸。此外，它還低估員工的健康風險，因為員工不能按照公司所希望的速度，加快工作節奏。節奏完全亂了。

雖然派樂騰避開破產的命運，但它確實錯失了一次重要機會。為了彌補二〇二〇年無法準時交貨，它在二〇二一年做了過多的補救措施，結果個人健身房重新恢復營運後，派樂騰出現過多的庫存。與派樂騰形成鮮明對比的是Etsy，這個電子商務平台主要是交易手工藝品，Etsy也遭遇和派樂騰類似的經歷，在新冠疫情爆發之初，消費者對口罩的需求激增。該公司的領導層迅速做出因應，動員和Etsy合作的手作藝術家改做口罩，公司的收入因此飆漲。Etsy之所以成功，因為它及時改變節奏，抓住突如其來的契機，提高某些產品的產能，這要歸功於它廣泛了解市場與大環境，以及善用數位技術提供的敏捷性。[140]

一如二〇一八年的騎士隊，大公司擁有諸多優勢，但如果失去對節奏的掌控，就會被對手超越。牢記，切勿鬆懈。

第7章 雙模式運作

資訊長無法將舊 IT 企業轉型為數位新創公司，
但可以將其轉型為雙模式 IT 企業。

——彼得．桑德加德（Peter Sondergaard），前 Gartner 執行副總裁

當時是二〇〇八年，SpaceX 這家新創公司岌岌可危。該公司有一個大膽的策略，開發可重複使用的火箭，但獵鷹號火箭的試射已失敗三次，直到九月二十八日第四次試射才終於成功。過沒多久，SpaceX 開始定期發射火箭並重複使用火箭的燃料槽。

SpaceX 的上述創舉以及登陸火星的「星艦」計畫，加上其他創新產品，莫不引起廣泛矚目。該公司的創辦人兼執行長馬斯克以經常做出大膽預言而聞名，這些預言從未如期實現過，但終究

還是發生了。正如營運長格溫．蕭特威爾（Gwynne Shotwell）所言：「我們的目標很高。我們一直在實現我們的目標，雖然從未如期實現過。我們從未照著時間表走，但相較於沒有實現技術上想要實現的目標，遲到總比沒到好。」[141]

同時 SpaceX 努力維持微幅漸進。該公司的使命是讓人類能夠負擔得起太空旅行，進而讓人類移居到其他星球，成為跨行星物種。因此諸如可重複使用的火箭等技術性突破絕對不可或缺，同時逐步小規模地降低火箭升空成本也是關鍵，但必須確保發射的可靠性不會受損。SpaceX 不斷壯大工程團隊，有些負責研究如何降低發射成本，有些負責研究技術性突破。SpaceX 最大的成就並不只有技術性突破，而是能結合技術性突破與小規模的持續進步。

雙模式優勢

本書前面兩章分別解釋創業心態和掌控節奏，描述有些公司如何積極地提升自己的水準，以利保持領先地位。面對問題時，它們發揮傳教士的熱情與奉獻的精神，而不是像傭兵一樣看在金錢的份上。此外，它們掌控節奏，以利儲備能量，在必要時迅速行動抓住機遇。**永續創新的組織通常採用雙速節奏（two-speed tempo）：大部分時間保持穩定、可持續的步調，需要做出重大決策時，會深思熟慮才行動；而在面對機遇或威脅時，會快速行動，並展現強烈的企圖心。**大多數公司通常保持靜態的節奏，無論在什麼情況下都以相同的速度前進。本章則探討公司營運的另一種模式：雙模式vs.單模式。

追求永續創新的企業往往採用兩種模式經營：對於可預測或標準化的商業活動採「壓縮模式」（compression）；若是進軍全新領域，或是希望在某個領域能與競爭對手有明顯的差異化，則採用「體驗式開發」（experiential development）。其他公司通常只選擇一種模式，多半是輕量級的壓縮模式，因此不足以縮減成本或是創造新型態價值。

至少自一九九〇年代以來，多數公司努力削減非核心資產和活動。既然專業公司可以做得更好、更省成本，為什麼公司不將員工餐廳或清潔服務外包給專業公司呢？許多公司更進一步，將行銷、製造、配銷甚至產品開發等與公司核心策略無關的業務外包出去。外包導致縮編潮，因為公司將營運重點放在提升核心競爭力之上。

然而仍有許多業務無法完全外包，通常是因為這些業務過於複雜或與核心事業緊密結合。對於有雄心的公司而言，解決方案就是採「壓縮模式」，亦即加快改進的步調，持續改善整體作業的效率。每一個公司在學習和擴大規模的過程中，莫不努力提高各項事業的效率，但壓縮會讓公司努力提升效率之際，受到壓力和紀律的約束。但壓縮對企業的成功至關重要。適用對象是可預測的業務活動，包括企業已有豐富經驗，幾乎沒有什麼需要學習的新知或新技能；同時也包括差異化的回報微乎其微的活動。但這些活動可能占據公司大部分的成本與支出。努力提高效率之際，「壓縮模式」會為這個過程注入紀律和迅速行動的急迫性，尤其是對於尚未例行化的複雜業務。「壓縮模式」的目標是讓公司營運標準化、自動化、以及盡力降低成本。

壓縮也適用於不斷在改進中的專案，以及市場或技術不確定性相對較小的專案。領導人可以向負責的團隊要求詳細的進度時間表。

相較於其他章節，本章更大幅地引用我自己多年來的研究成果，尤其是對全球電腦業的研究成果。在一九九〇年代，我與同事合作進行了多項研究，聚焦在雙模發展（bimodal development）。我後來的研究與顧問服務證實了我們當時發表的研究結果。

圖表 7-1：體驗模式與壓縮模式之差異

	可預測	不可預測
簡單	✓	體驗模式
複雜	壓縮	壓縮／體驗模式

下列圖表畫龍點睛列出兩種模式的差異。請注意，是不可預測性而非複雜性決定了對體驗式開發的依賴程度。敏捷創新企業對複雜但可預測的專案採壓縮模式。

但它們在大多數核心的策略業務中，反其道而行，完全淡化效率的重要性，改而鼓勵管理層嘗試不同的選擇和假設（體驗式發展）。它們的體驗式做法強調學習和發現，但會設定重點和里程碑，以便確保紀律和責任。

突破性專案不會在時間表上詳細一一列出進度。相反地，管理層會要求以互動式進度表取代，並在進度表上列出里程碑，到達每一個里程碑後，會針對新發現和新的發展路徑進行討論。聰明的領導人需要清楚區分壓縮模式與體驗模式之別，以免同一個團隊同時以兩種模式作業。

許多公司採取表面上的雙模做法，亦即削減營運成本的同時提高創新的預算。但雙模式並不是簡單地在維持營運和產品開發之間劃清界限。一些表面上看似普通的業務可能具有高度的策略重要性或差異化價值，可受益於體驗式的管理模式。至於產品開發，其中很大一部分實際上是在既有產品基礎上進行漸進式改良或延伸，所以可受益於壓縮式管理。而預算分配只是專案管理的一部分。大多數公司採用更簡單的做法，亦即以相同的模式管理所有專案，既想提高效率，同時又不甚積極地鼓勵創新，前提是如果創新性專案看起來有前途的話。

這就是雙模式之所以不同於之前描述的雙速節奏。速度的變化可能影響整個組織，這必須視威脅或機遇而定。雙模式將組織區隔為需要壓縮的活動和需要體驗式開發的活動。這種劃分會持續存在，不會隨速度的短期變化而改變。

以下是如何應用每種模式：

壓縮模式：為活動設定清晰的計畫，交付給負責任的經理人執行，根據學習曲線逐漸降低成本，並逐步整合相關活動。這些步驟都能把公司已經熟悉的過程做得更好。

體驗模式：設計多個選項，一一進行測試，並在領導人的指導下，設定多個里程碑，確保持續學習和前進。體驗模式強調發現，因此開放性和好奇心至關重要，而非僵化的硬性紀律。

因此，壓縮模式適合開發延伸性產品，而體驗模式更適合開發新產品或平台。下列圖表總結了這些要點。[142]

圖表 7-2：壓縮模式與體驗模式之分別

	壓縮模式	體驗模式
關鍵學習	複雜性	不確定性
產品開發的特徵	一系列複雜的步驟	在不斷變化的市場中摸索前進
產品策略	合理規畫 （但要深思熟慮）	隨機應變
速度策略	合理化（計畫） 授權（供應商） 壓縮（CAD） 壓縮（重疊進行） 跨部門 獎酬	搜尋更多訊息 前沿（反覆改進） 發現錯誤（測試） 聚焦（里程碑） 大局觀（領導人）

壓縮模式

壓縮技術源於土木工程，使用了一些在土木工程領域裡廣為大家熟悉的技術，諸如關鍵路徑法、計畫評估與審核技術（PERT）、再造工程、同步工程（concurrent engineering）等等。汽車製造商在生產大型組裝產品時使用壓縮技術，電腦產業的大型主機領域也很流行使用壓縮技術。這些都是成熟的市場，客戶、競爭和技術都已相當穩定，技術進步速度緩慢。儘管我們一直在談論顛覆與創新，但許多企業活動仍在相對穩定的環境中進行。（參見圖表 7-3：採用雙模式開發新產品）。

壓縮模式適用於所有可預測的作業方式，無論作業流程多麼複雜。為了加速改善效率，企業必須積極管理，尋找改進機會，繼而有紀律地落實改善措施。隨著時間推移，企業可以簡化這些步驟，這往往代表，它們能將一些工作或責任委託給供應商，但這主要是為了縮短完成每個步驟所需的時間。簡化還有助於不同階段的開發工程可以同一時間重疊進行。總之，這個策略包括合理化或重新設計作業流程，透過精簡以及（同一時間）重疊進行等做法，達到降低成本或（以及）縮短時間的目的。

這類似於美式足球的「快速進攻」（hurry-up offense）。經過足夠的練習，球員可以消除比賽時討論戰術，加快傳球次數，並迅速執行進攻戰術。公司可以透過簡

圖表 7-3：採用雙模式開發新產品

	體驗模式	壓縮模式
不確定性	高	低
規格的定義	規格最後被確定之前，會隨時間而改變	規格在幾天內敲定
團隊一開始的成員	只有關鍵員工	所有參與產品開發的員工
里程碑	早期：里程碑之間的時間間隔長 後期：時間間隔短	里程碑之間的時間間隔短，而且每個里程碑有明確的時程

化流程、消除延宕和擠壓設計步驟等方式，縮短時間或減少成本。讓我們深入了解這四個關鍵步驟：

步驟1：周全計畫和密切關注。首先，得密切關注作業的實際需求。制定計畫的人可以利用全觀的視角，消除大量不必要的活動，同時修正一些實際操作時效果不佳的步驟。擬好計畫與藍圖，以利組織和協調專案團隊的各個環節，進而壓縮開發時間。周全的計畫還有政治上的好處：在降低總成本的同時，還能為獲得必要的資源打通路徑，因為如果規畫周全，管理高層會更慷慨地提供資金和人力。

亞馬遜擅長壓縮管理，尤其是在倉儲物流中心。倉儲作業包括分揀、裝箱和出貨，這些步驟會高度重疊（同時進行），而且二十四小時不打烊。倉儲物流中心依賴輔助技術，減少被員工浪費的時間，提高產出效率。員工按照軟體指示，知道該去哪兒挑選顧客下單的產品，所以他們「不需要長時間思考要去取什麼產品」，[143]完全依照軟體的指令即可。整個倉儲中心都有關鍵拉貨時間（Critical Pull Time, CPT），精準標示貨品的出貨時間。計算這些CPT時，需要進行廣泛而深入的規畫與分析，確保倉儲物流中心能夠按時出貨。

除了CPT這些指標之外，亞馬遜還會每小時追蹤每位員工和每個部門完成任務的時間。管理層利用這些時間指標提前制定員工的工作進度，同時隨著員工學習曲線的上升而提高目標。這些CPT會激勵員工加快作業速度，讓整個系統形成一個壓縮模式的正回饋循環。經理每週還會與員工舉行個別會談，查核他們的工作表現，以便能迅速解決遇到的問題。整個系統的節奏非常高壓緊張，以至於「完成每項任務的平均時間若只差個一、兩秒，就能決定員工從經理那兒得到的是表揚還是警告。」

員工（以及工會活躍份子）表示，看在激勵措施的份上，他們冒險採取危險行動縮短完成任務所需的時間。的確，時間壓力逼得每個員工都加快步伐，讓公司得以克服工作內容一成不變後陷入自滿和鬆懈的狀態。但是正如一九一三年福特公司實施裝配線後，這種高強度的工作壓力讓許多員工吃不消，因為他們並不適合這種結構化、講究高效的工作。

掌握了這些訊息後，亞馬遜每個倉儲中心的人資部門每週會與經理開會，討論效率墊底的一〇%員工，以及思考該如何提高他們的效率。工作表現一直沒有起色的員工每週都會受到書面警告；三次警告後，就會被解雇。這是最糟糕的情況；更有可能的情況是，經理與人資部門合作，協助員工找到問題的根源，然後大幅提高他們的工作績效。亞馬遜對物流的流程進行了完善的規畫，以便及時處理工作績效不佳的問題，並盡可能縮短花在處理無關問題上的時間。

亞馬遜緊迫盯人的監控，也讓公司在自動化方面搶佔了先機——依賴機器人輔助人工揀貨員。二〇一二年，亞馬遜收購了 Kiva Systems 公司，它設計的機器人會根據電腦系統的指令重新移動貨架的位置。原本「從點擊購買到實際出貨」的週期需要六十分鐘以上，而 Kiva 機器人可將這一週期縮短到十五分鐘，因此倉庫現在可以容納更多的存貨。亞馬遜距離完全取代人工揀貨員還有幾年的時間，但高強度的監控讓亞馬遜在縮短出貨時間和降低運輸成本方面，大幅領先同業。亞馬遜的壓縮式管理靠的是規畫、輔助技術（機器人）和數據分析，它在物流領域所擁有的全球優勢可能難以被其他競爭對手超越或取代。[144]

步驟2：委派他人代勞。一旦負責規畫的經理了解流程中每項任務的價值和可壓縮性，通常可以將其中一些任務（包括設計）外包出去。而工作團隊就可以專注處理與他們專業相關的工作。公司內部的開發人員可能會專注於設計反映某品牌獨特風格的元素，務必讓該產品與產品線的其他環節有效地整合，然後將其他部分的設計工作外包給供應商。

對於大型主機和迷你電腦等可預測的產品，公司受益於在開發過程中讓供應商及早地充分參與。供應商往往有出色的產品創意，並對下游製造牽涉的問題有寶貴的見解。有了廣泛被使用的標準以及界面，有助於雙方清楚地分配設計工作。

委託他人代勞在公司內部也能發揮作用，例如超微在二〇二二年以四百九十億美元收購另一家晶片製造商賽靈思公司（Xilinx）。第4章介紹了超微從瀕臨破產中浴火重生的過程，靠的是大膽的策略——推出高階晶片，超越市場巨擘英特爾。這一策略成功達陣，超微推出業內最先進的晶片，但公司缺乏資源開發完整的晶片產品線。於是它收購競爭對手賽靈思，希望能提供更多樣化的晶片產品。

超微原本可以嘗試自己開發生產不同類型的晶片，但賽靈思加快了這一進程，因為它專注於壓縮的管理模式，支持超微的體驗式模式，成功實踐超微的策略。賽靈思推出了融合兩家公司技術的晶片，這種購併式擴張比超微單獨行動略勝一籌。大多數的委託都是以外包型式進行，但收購是另一種途徑。

超微已經實現晶片設計方面的必要創新，但需要將這一個進展擴及到廣泛的產品線。這項工程並不特別具有開創性，賽靈思可以快速替它完成，而且成本遠低於超微自己來。超微的領導層只需監督接手過來的賽靈思團隊和經理的工作表現。[145]

步驟3：縮短設計階段。公司可以增加員工人數、要求加班和嚴格遵守預定的時間目標，強行縮短設計階段。但依靠技術，尤其是電腦輔助設計（CAD），才更是可持續性的做法。電腦輔助設計在加速漸進式創新方面，成效尤為出色，因為可加快工程運算速度，更頻繁地重複使用過去的設計、方便設計人員之間的交流等等。

蘋果擅長縮短設計階段。每年秋季，該公司都會發布最新款 iPhone，到二〇二二年為止，已有十四款。一位評論家指出壓縮導致的問題：「這麼多卓越的創新設計，都是小幅的升級與改進，以至於每年報導時，很難找到亮點。」[146]

大多數消費者不會每年更換一次 iPhone，但若有足夠多的人每年都會更換，這就讓蘋果有了壓力，必須在每款新機裡加入一些創新。然而為了趕在每年秋天都能發表新機，這些創新必須夠快，還要有紀律地按照計畫進行。因此蘋果必須積極縮短設計週期，否則蘋果可能會落後於競爭對手，畢竟智慧手機市場已經飽和。

靠著豐富的經驗和嚴格執行的時間表，蘋果已成為壓縮模式管理的專家。每款新機在規畫階段會涵蓋各個環節，希望能盡可能地提高效率。多個設計會同時進行，工程師同樣也會同時參與多個專案。除了發表新機，蘋果也會定期發布最新更新程式，以滿足現有 iPhone 用戶的需求，同時還在為未來的新機開發新功能和新技術。與此同時，一個獨立的體驗團隊也在尋找可能的重大突破。[147]

當速度成為競爭優勢的核心時，同時進行就顯得至關重要。ZARA強調生產階段重疊，因為其商業模式要求對時尚潮流做出快速反應。不管是哪一個時間點，全新的成衣系列運往門市途中的同時，工廠正在生產一個更新的系列，總部的員工正在設計一個更新的系列，門市員工向總部彙報顧客新的偏好，這些元素將影響未來的設計與風格。只要公司批准某件衣服的款式，並迅速把設計變成成品，該款式會立刻進入生產線，一週後，顧客就會買到新款式。

ZARA可在幾天之內完成新款式的設計和生產，而競爭對手可能需要幾個月之久。一旦設計案過關，ZARA的垂直整合機制就會迅速把設計變成產品，省去可能會拖延新品上市的中間環節，例如冗長的批准審核過程或優先考慮某些客戶。ZARA靠著讓數個階段同時進行，大幅縮短顧客的等待時間。

ZARA的高速運作模式能多方面協助壓縮式管理。它強迫ZARA在每個環節都必須收集數據，以便找出各環節出現的低效能問題，也能比競爭對手更精準地預測趨勢。與時間賽跑的急迫感讓管理層積極找出並解決拖累速度的障礙與問題，而在反應速度較慢的公司，這些問題可能會被忽視。

壓縮模式為ZARA帶來驚人效果，助其在時尚界站穩腳跟。之前有一篇文章盛讚ZARA「有一種驚人的能力，能嗅到時尚趨勢，把最新潮流納入設計，並以超低價格將其變為產品。而這一切都在二十天之內完成！」雖然每件商品的毛利很低，但這個策略讓ＺＡＲＡ能夠以原價大量售出商品，而且擁有高市占率，連帶獲利可觀。ＺＡＲＡ透過壓縮模式建立的規模，讓競爭對手難以超越。

雖然有些設計確實失敗了，但ＺＡＲＡ能夠迅速調整，將損失降到最低。二〇〇一年九月十一日發生毀滅性的恐怖攻擊後，美國人心情沉重，因此對於設計師和品牌一直力推的繽紛花卉風格不感興趣。當大多數公司陷入銷售不振的困境時，ＺＡＲＡ迅速轉向深沉、寧靜的色調，結果銷量大增，並進一步擴大市占率。[148]

步驟4：創新要簡單。為了保持漸進式前進的穩定步伐，企業必須抵制頻繁大變革的誘惑。耐吉透過縮短設計階段成功掌握這個方法。耐吉在運動鞋領域的市占率高居第一，擁有眾多粉絲。「鞋迷」（sneakerheads）指的是對運動鞋極為狂熱的粉絲，他們引頸企盼耐吉的潮鞋 Air Jordans 系列推出最新款。然而多數鞋款的新品改變並不大，通常只是換了配色或設計。儘管新品在技術與設計上沒有顯著的變化與升級，但依舊能幫耐吉締造可觀的收益，到底耐吉是如何辦到的？

耐吉精通壓縮的藝術，不僅在行銷上。的確，耐吉重金聘請多位名人為耐吉運動鞋代言。耐吉還設計飢餓行銷，限量生產新款，藉此拉抬需求和價格。但是若非耐吉對壓縮管理進行非常有紀律的投資，不可能培養一群死忠運動鞋迷，關注定期發表的新品。

正如ＥＳＰＮ體育台記者斯庫普・傑克遜（Scoop Jackson）所言：「喬丹鞋每年推出新品，

產品會被編號，用編號奠定喬丹鞋某鞋款在市場的身分，這種做法所建立的商業模式一直具有革命性。」如果耐吉沒有採用壓縮模式維持穩定的生產與改進，那麼喬丹系列鞋不會保持如此高昂的買氣。

耐吉成功的關鍵在於非常全面地規畫。它會提前幾個月確定新款的發布時間——鞋迷可以上網查詢未來幾個月 Air Jordan 系列新品的發布日期。每款新品通常都是原版的「第N次」復刻，例如 Air Jordan 6 Retro Low "CNY"、Air Jordan 12 Retro "Playoffs"、Air Jordan 4 Women's "Canvas" 等等。消費者知道，每次推出的新款都不會比上一次有明顯改進，很可能只是技術上微幅提升。但死忠粉絲依然買單。

至於如何讓多個階段同時進行以及縮短每個階段的時間？耐吉會讓不同的設計團隊同時開發不同的新款與持續地改良舊款（復刻版），並設計它們的配色。舊的設計不斷被重複使用並稍作改進，以便能提早推出產品，搶占先機。這麼一來，每款新鞋的發布時間就可以錯開，每個新品之間的等待期也會縮短，消費者不用長時間眼巴巴地等待新鞋上市，並能讓他們持續關注新品發表會。

Air Jordan 鞋一上市，代表運動鞋的技術有了重大突破。而今耐吉擁有強大的品牌影響力，因此僅是定期推出小幅改良的鞋款也能獲利。在設計階段精心地策劃安排，成功實現壓縮模式，讓耐吉能夠盡可能地提高需求量。喬丹潮鞋每年可以替耐吉賺進數十億美元。[149]

體驗式管理4步驟

然而許多企業專案缺乏可預測的路徑。創新如果不只是漸進式改進，代表必須因應不斷變化的市場和技術，在重重迷霧中摸索前進。在這種情況下，具有雄心宏圖的公司必須求助於體驗式發展，這種方法源自戲劇和爵士樂，以即興表演為主要的藝術表現形式。我們在快速發展的電腦產業，尤其是筆記型電腦和手持設備領域，發現了這種管理模式。

由於創新本身具有不可預測性，因此關鍵的挑戰在於累積訊息，並在一定程度上提高預測性，以利工作快速向前進展。因此首先要制定和測試多個選項，並頻繁設立里程碑（階段性目標），讓員工保持足夠的專注力、動機和發現力，以利應對不確定性。壓縮模式類似於美式足球的快速進攻，而體驗式管理則對應於籃球的快攻（fast break）。球員必須依靠直覺和團隊合作，並仍得遵守規定和角色分工。體驗式管理包括四個步驟：

步驟1：提出多個選項。開發團隊會考慮各種可能性，提出多個選項，包括彼此獨立的不同設計、在前一個設計的基礎上進行迭代優化、或是兩者的組合。這些設計選項可以是簡單的想法和草圖、虛擬的電腦模擬、或是實物的原型（諸如模型和試製樣品）。這類似於球隊發動快攻，多名球員已經就位，一發現對方防線的破綻迅速進攻得分。

為了加速產品開發，在做出重大決策的關鍵點上，必須備妥多個設計選項。多個選項提供了靈活性，讓團隊在遇到挫折時仍能繼續前進。如果主要選項不可行，開發工程師可以迅速切換到其他的替代方案。就心理層面而言，多個選項會讓開發工程師不會過於堅持一種方案，可以根據需要切換設計。

備妥多個選項與壓縮管理剛好相反。在一九九〇年代中期，我和我的團隊研究了十四家高科技公司共二十八個新產品開發專案，發現大多數公司都未能如期完成這些專案。我們的研究對象，年營業額從五億美元到一百億美元不等，只有四家公司的專案在進度、規格和市占率方面都達到預期的目標。五家公司的產品在外部觀察家與分析師看來是成功的，卻沒有達到公司內部設定的目標或預期的市占率。其餘五家公司的新產品完全失敗。我們發現，每一個出現延誤和陷入困境的專案中，問題都根源於產品開發的定義階段，也就是企業敲定某個產品設計案之前。多個選項的優點是，團隊能夠在不確定性尚未解決之前繼續前進。[150]

最重要的是，不同的設計方案能讓開發人員直觀地感受到設計元素在實際世界的效果。在不確定的情況下，大多數人難以對單一方案進行評估，所以在產品開發初期，強制要求必須有多個設計方案，有助於團隊進一步了解不同選項的優劣以及實際情況。

儘管蘋果今天對手機的許多環節採取壓縮式管理，但在推出第一代 iPhone 時，蘋果強調體驗式開發，尤其看重多個設計選項。做為一款徹底改寫世界作業方式的設備，iPhone 並非憑空誕生。例如，觸控式螢幕在當時並不常見，因此蘋果曾考慮其他替代選項。就連今天看來理所當然的桌面應用程式網格也是經過反覆討論和斟酌才敲定的，絕非一蹴可幾。團隊嘗試了不同的可能性，直到終於找到可行的方案。

開發人員專注於某個設計方案時，蘋果發現最終產品缺乏統一的整體感。一位設計師回憶道：「每個部分分開看，可能給人留下深刻的印象，但缺乏可將這些零散的碎片串連在一起的故事；這是一個由半完成應用程式和想法拼湊而成的大雜燴。」體驗模式有時就是這樣作業——團隊摸索各種想法與創意、不斷反覆地改進、接近完成最後的創新，但體驗模式鮮少關注最終產品的成效以及獲利前景。賈伯斯對整個開發團隊下達最後通牒，要求他們在兩週內完成一個可操作的原型或樣機。這類要求往往導致一些開發專案以失敗告終，但 iPhone 不包括在內。

即使完成最初的設計後，蘋果也保留兩個主要選擇：一個是將 iPhone 打造成迷你版麥金塔電腦（Macintosh）；第二個方案是將 iPod 技術轉化為手機。實際上，開發團隊一分為二，各自負責一個專案，彼此競爭非常激烈。有人被解雇，有人辭職，整個局面如同一場戰爭。兩個團隊都遇到困難。iPod 團隊努力拼湊出以觸控式螢幕撥接電話，甚至一度使用了類似收音機搜尋頻道的旋轉輪盤。而 Mac 團隊則把設計當成研究專案，結果載入時間長得離譜。經過反覆迭代（微調）和費心實驗，領導層終於想到兩全其美的辦法：Mac 團隊負責軟體，iPod 團隊負責硬體。結果 iPhone 大獲成功，這一切都要歸功於一開始就準備了多個選項。

我們的研究發現，多個選項的好處和 iPhone 成功的原理類似。成功的公司會迅速開發新產品關鍵的子系統，製作多個原型，然後再開發整個系統的原型。由於跳過了傳統的概念驗證階段，所以原型往往不完美，需要修復程式的瑕疵、重新配線，甚至是小規模的重新設計。但相較於所獲得的優勢與好處，這過程造成的延誤微不足道，而且成本也不高。一開始備妥多個原型能夠激發開發團隊的熱情和活力，這是其他抽象概念做不到的。有了具體可參考的原型，團隊成員的討論會聚焦且具體，決策也會很快出爐。[151]

步驟2：測試。頻繁測試與多個選項息息相關。頻繁測試的過程中，會發現一系列相對輕微的失敗與缺陷，及時解決，進而加快開發的腳步。持續測試可提供寶貴的學習機會，因為它不僅能讓開發人員保持專注力，也不會啟動他們的防禦機制。透過測試，能在開發初期就發現問題，此時的問題相對更容易修正。此外，持續測試也是理智的做法，因為爭辯是根據實際的測試結果，因而減少了基於個人觀點和直覺的衝突與政治角力。

雖然我們在本書其他章節對臉書提出了批評，但它在測試方面確實表現出色。由於每天有數十億名用戶在臉書的平台進行互動，讓該公司擁有大量的數據庫。我們可以辯論數據使用牽涉的道德問題，但臉書利用這些數據進行測試，無疑為其帶來龐大的財務收入。內容政策負責人莫妮卡·比克特（Monika Bickert）表示，即使曾進行充滿爭議的情感實驗而受到惡評，但這個實驗仍有助於臉書推出創新的新功能。

臉書不斷微調設定和用戶體驗，甚至在用戶不知情的情況下尋找解決方案。執行長祖克伯（Mark Zuckerberg）說：「不管任何時間點，臉書都不只執行一個版本，可能有上萬個版本。每個工程師基本上都可以決定要測試哪一個功能。」

臉書會測試各種新功能，例如新增的反應按鈕、加強與其他平台（如Instagram）的整合。這些測試確保工程師收集到有關新功能使用情況的實際數據，而不至於冒著可能影響整個平台的巨大風險。任何大規模推出的新功能都會進行廣泛測試，確保發揮最大功效。

根據用戶持續提供的回饋數據，工程師能從錯誤中汲取教訓，並實時測試新創意是否成功。臉書會同時執行數千個版本，在這情況下，設計師可以不斷學習並累積經驗；有些創意（功能）會明顯提高收益，自然而然會被納入臉書的主要版本。隨著不斷改善與優化用戶的體驗，臉書成功地把龐大用戶在平台的互動轉化為金錢，通常是透過對用戶群投遞廣告（臉書八五%的收入來自廣告）。

臉書的固定用戶多達數億名，所以能對平台幾乎每一個功能進行測試。此外，臉書在廣告領域會使用拆分測試（split testing）。該公司會推出多個版本的廣告，測試不同的字體、文本顏色、目標受眾等變項（基本上涵蓋所有廣告商可改變的元素），找出哪個版本的效果最好。廣告商甚至可以設計自己的拆分測試，優化廣告效果。臉書致力於體驗式開發，鼓勵不斷從錯中學習，儘管臉書／Meta 近年來陷入困境，但它在用戶體驗方面仍然遙遙領先競爭對手。[152]

步驟3：頻繁的里程碑。即使是高度強調用戶體驗的開發策略，也會讓設計者失焦，被各種可能性迷惑而分心，偏離原本的正軌，繼而充滿困惑，陷入混亂。一如籃球賽的快攻打法，或是戲劇和爵士樂的即興演出，產品開發人員需要統整全局的結構和框架。

持續、短期的里程碑可以為開發流程套上結構與框架，取代耗時的層層審查。這些里程碑通常是每週或每兩週審查一次設計的進度，迫使開發人員根據市場和技術的變化微調設計，或是根據需要進行修正，同時得處理影響成員情緒的因素。里程碑會協調開發團隊各自負責的活動，進而加快工作的進展速度。里程碑會讓團隊成員有一種與時間賽跑的急迫感，既能打擊拖延症，又能強化團員的信心，自信能成功完成任務。

步驟4：強大的專案領導人。團隊負責完成主要的工作，但強大的領導人能籌到專案所需的資源，讓開發人員免受官僚主義的影響。最優秀的領導人能夠提供明確的願景，讓團隊保持專注，以及能掌控體驗式模式的混亂局面。貝佐斯就是這樣的領導人，即使 Fire Phone 最後以慘敗收場，他仍是優秀的領導人。二〇一〇年，他看到一些公司進軍智慧手機市場，認為亞馬遜作為創新者，有能力在這個市場占有一席之地。於是他提出 Fire Phone 這個偉大計畫，它具備市場上其他智慧手機沒有的技術與功能——3D 顯示螢幕、用戶可透過手勢隔空操作手機。

在亞馬遜其他業務部門，貝佐斯非常重視顧客回饋，但是論及發明重要新產品時，他有截然不同的立場，對於傾聽潛在用戶的意見抱持懷疑態度。相反地，他鼓勵創造性的「漫遊」（wandering），認為這是實現重大突破的途徑。儘管他的員工心存疑慮，但他還是鼓勵設計師勇敢做大夢，徹底改變智慧手機。

但光靠他強大的領導力不足以保證成功：Fire Phone 在二〇一四年推出時以慘敗收場。公司認賠一．七億美元，也在一年內停止生產 Fire Phone。但貝佐斯安慰員工，他稱失敗是成功之母。正如他在前一年給股東的信中寫道：「發明是混亂的，往後我們有些大膽的嘗試肯定也會失敗。」他沒有懲罰負責 Fire Phone 專案的高管。他想傳達的訊息是，**勇於積極冒險將會有收穫與回報。**

實際上，即使專案失敗，體驗式開發也能帶來長期收穫。Fire Phone 專案讓亞馬遜學到很多東西，比如了解小型設備的設計非常複雜，以及找到與晶片供應商和製造商合作的有效方法。亞馬遜沒有把這些經驗用於開發更好的手機，但它確實把它們應用到其他產品，例如 Alexa 負責研發並熱賣的 Echo 智慧音箱。一家雜誌甚至將失敗的 Fire Phone 稱為「發生在 Alexa 最好的事情」。如果沒有貝佐斯鼓勵和力挺這些體驗式學習，亞馬遜可能永遠不會實現這些成果。[153]

大多數專案負責人都不是執行長；而是各層級的管理人員，但他們都能與高層團隊保持密切聯繫，這樣專案無論是採哪種管理模式，都能得到高層充分的支持。

注意事項

因此，體驗式開發的專案表面上看似失敗，但可作為借鑑，成為後來的專案成功之母，只不過企業需要厲行紀律才能實現。以下是一些需要避免的做法：

過度規畫。儘管精心規畫至關重要，但技術和市場充滿不確定性，公司可能會陷入「規畫控」的陷阱。我們在一九九〇年代中期所做的研究發現，下一代創新產品開發專案，多數失敗的個案都源於「模糊的前端階段」，在這個階段，公司會確定對新產品的期望，但不會妨礙或約束開發人員的創意。一個常見的問題是公司會對專案投入大量資源，對產品的定義卻關注不足。

有一家公司的高階主管抱怨道：「我們有太多的工程師在原地打轉，但產品定義卻一直在變變變。」[154]

高階管理層往往是造成這個問題的部分原因。在一家公司，高階主管會推遲專案上路，直到團隊擬出詳細的進度表和預算。這種做法在可預測性較高的情況下才合適，因為許多領導層都是在這樣的環境中累積經驗，而且因為情況相對穩定，所以周全的規畫讓他們能更全面地掌握專案的方向與進度。但若是體驗式專案，這種做法卻不必要地延誤關鍵的設計工作。

開發人員本身也容易受到影響。有一家公司嘗試轉型，放棄生產工作站電腦，改生產桌上型電腦，這種情況下，規畫是一條簡單的出路與解決辦法。在規畫產品的功能與特色時，行銷人員和工程師沒完沒了地爭辯鍵盤尺寸、軌跡球設計等細節，也對螢幕和通訊界面升級的可能性展開無休止的爭論。由於他們無法就未來電腦產品的外觀達成共識，規畫成為避免衝突的一種方式。規畫過程缺乏邏輯，更像是因為潛在競爭對手出現而慌亂地做出反應。更好的辦法應該是將大家分歧的意見化為各種備選方案，一一進行測試。

過度依賴電腦輔助設計。我們發現，在進展較慢的領域，電腦輔助設計可大幅縮短開發時間，但在發展較快的領域，卻會拖慢開發速度。為什麼呢？

答案很複雜。如上所述，大多數 CAD 系統在多個領域表現出色。一些模擬系統可以設計「虛擬」原型，讓原型在不同的情境下進行測試，而立體光刻和 3D 建模可以協助打造物理原型。但 CAD 系統不夠靈活，無助於快速產出創意和進行測試，而這些對體驗式開發至關重要。依賴CAD會間接阻礙這些專案所需的開放式思維。

不當操作是另一個問題。有些CAD系統需要花很長時間才學得會如何有效使用。員工會抗拒學習如何操作新系統，因此公司最後不得不使用不相容的CAD。此外，有些CAD設計師會沉迷於電腦「駭客」技術，而無法專注於開發任務。這種駭客行為會破壞CAD軟件包中原本實用的客製化功能。

最後，許多公司為其CAD工具開發內部專用的軟件包和界面，但套用到新專案時，效果很差。發生了一次災難後，一位工程師嘆道：「人類會犯錯，但真正搞砸事情，還是需要電腦參一腳。」總之，CAD可以協助體驗式開發，但前提是CAD軟件包必須符合產品開發模式，而且必須正確使用CAD工具。

依賴供應商。在壓縮模式下，供應商的幫助頗大，但對於體驗式開發則不然。例如，在電腦產業發展最快速的領域，供應商幾乎幫不上什麼忙，只有發展較慢的產品開發商才會依賴他們。

當產品開發變得難以預測時，不易和供應商協調工作。不斷進步的工程技術和不斷改變的界面讓雙方的合作關係更加複雜。對供應商的合作承諾也會讓公司受制於供應商的技術，而這些技術可能會被競爭對手超越。然而公司仍然傾向於依賴供應商，以掩飾其開發部門的不足之處。

我們在一九九〇年代的研究發現，有幾家公司選擇與關鍵供應商建立合作夥伴關係，共同開發新平台產品。在某些情況下，供應商提供技術和經驗，為合作企業既有的強項進一步加分；在另一些情況下，合作夥伴提供財政資源或實用的技術。然而有時候雙方在風格、優先順序、動機等方面存在重大差異，會造成代價不斐的延誤和修正。總之，與供應商密切合作存在很高的風險。

如果一家公司缺乏關鍵的競爭能力，仍然可以控制全局。這時它應該依靠自己的實力，搭配與一家、兩家或三家頂尖的供應商合作，目的是取得尖端知識與技術。至於其他環節，則可以放心使用市面現成的零組件。這雖然不是最理想的選擇，但與其一開始就只與一家供應商密切合作，這麼做才更有機會開發出突破性產品。

忽視衍生產品。當公司成功開發出突破性新品時，往往未能把握機會，開發衍生產品，填補當前產品與新品之間的市場缺口。許多顧客可能希望獲得介於現有產品和突破性新品之間的中間產品。提供這樣的產品並不難，但公司需要紀律以及意識到市場有這麼一個缺口，並搶在競爭對手之前，成立一個團隊在極短的時間內迅速填補這個空白。這正是雙模式之所以刻不容緩之處：需要體驗和壓縮兩種管理模式。[155]

體驗式開發的兩個經驗法則

除了要注意上述因素，我們還發現與體驗式開發有關的兩個經驗法則。這些法則適用於各種產品。

經驗法則1：建立跨部門團隊。公司高層會忍不住將產品開發團隊侷限於研發小組，因為研發工程師了解需要完成的工作，並掌握了成功所需的關鍵技能。但其實最好的做法還是廣撒網，邀請工程、製造、行銷甚至採購和會計部門的員工參與專案。他們多元的觀點有助於找到不同階段互相關聯與重疊的機會，激發更多創意，更迅速地發現設計的缺陷，以及做出更有效測試產品的原型。反之，仍然沿用「將訊息拋過牆」（over the wall，部門之間缺乏有效溝通與協調）或「過度專業分工」（functional silo）方式的公司，採購、製造和物流等部門恐受到影響，導致產品出現不符合市場趨勢，或是在下游階段出現不相容的問題。

至於把跨部門團隊安置在「臭鼬工廠」（skunkworks），亦即團隊不受公司層層規定約束的半自主單位，這做法也並非萬靈丹。相較於過度專業分工、或是置於「臭鼬工廠」的跨部門團隊，更好的辦法是在管理體制內建立一個擁有自主權的跨部門團隊，目的是推出突破性產品。

突破性團隊擁有兩大優勢：因為是跨部門，所以成員之間可以相互交流想法，截長補短；再者，與核心業務整合，可在需要時獲得公司提供現金、人力、專業知識和顧客等資源；以及擁有自主性，避免讓「一切照舊」的規定壓垮團隊的獨特作業流程和文化。

經驗法則2：不要因為團隊符合進度而給予獎勵。面對不確定性時，公司往往會獎勵開發人員，僅因他們按照既定的時間表完成工作進度。但是這會變相鼓勵開發人員過度關注進度，而忽略那些難以預測但可以增加價值的面向，例如品質或新功能等等。影響所及，他們設計時考量的是進度而不是規格，也就不足為奇。在一家大型軟體公司，開發工程師會為了拿獎金而取巧走捷徑，犧牲產品的品質，為後來出現延宕和其他意外埋下伏筆。在一家大型電腦供應商，高層基於進度給獎勵，導致以創新設計為傲的工程師士氣低落。看在獎勵的份上，進度最慢的產品開發人員往往設法加快步調，反而造成反效果，導致進度不前反退。

我們的研究並沒有點名哪一個獎勵結構效果最佳，但明智的做法可能是對一系列結果給予獎勵，包括產品上市後的表現，最好還包括從嘗試性實驗學到的一些寶貴知識與經驗。

有些專案需要採用雙模式

大多數公司只需要從雙模式中擇一，就能取得實質性進展，其中突破性專案可採用開放性的體驗式管理，其他專案則採需要嚴格遵守紀律的壓縮模式。一旦公司確立了採用哪一種模式，就有能力面對更高層次的挑戰。在產品開發過程中，有時管理層並不清楚要採用壓縮式還是體驗式管理。對於高度複雜和不可預測的專案，也許可雙模式並用，並且鼓勵專案團隊同時混搭這兩種模式。

以全球電腦產業為研究對象時，我們發現，無論選擇哪種模式，都有以下幾個普遍現象：

一、**建立跨部門多功能團隊**，而且不要僅因為團隊按時完成任務就給予獎勵。如前所述，這個建議對體驗式開發至為重要，但只要獎勵措施符合公司目標，壓縮模式也同樣有益。

二、**一定要制定計畫，而且必須在規定的時間內完成**。如果制定計畫有困難，這就是一個明確的信號，表示你要選擇體驗模式開展。

三、掌握了更多訊息後，評估專案的類型。如果開發過程看起來可預測，就轉向壓縮模式；如果充滿不確定性或是全新的產品，就傾向體驗模式。如果專案的複雜程度高，可以考慮將開發分為幾個環節，有些採壓縮模式，有些採體驗模式。

四、謹慎使用電腦輔助設計CAD。了解CAD的優勢：支持溝通、重複使用設計與有利進行模擬；以及CAD可能的障礙：不利創意生成和測試。確保CAD系統的相容性。提防設計師變成駭客。[156]

建立雙模結構可能是本書最困難的挑戰，既需要專注力，也需要靈活性。它不僅需要落實文中強調的做法，還需要對壓縮模式和體驗式管理模式有深刻理解。它要求團隊願意全心落實其中一種模式，而採用另一種模式的團隊可能會獲得所有光環。

領導人必須認清，壓縮模式策略會限制開發人員對新機遇的關注；此外，領導人也要意識到，對於許多經理人、行銷人員和工程師而言，體驗模式策略會顯得過於實驗性、不受控制和違反直覺。不斷創新的公司需要在整個組織以及各個層級鼓勵「雙模式開發」。

「雙模式開發」可以為公司帶來巨大的策略回報，這絕非微不足道的成就。管理者必須克服認知、社會和情感方面的障礙。這正是何以雙模式開發直到這章才出現，而且只適用於有雄心以及敢做大夢的公司。

第Ⅲ部

勇氣

第8章

大膽行動

不管你夢想自己能做什麼，開始吧。大膽行動同時也伴隨著天份、力量及魔法。現在就開始吧。

——歌德（Johann Wolfgang von Goethe）

到了二〇〇〇年左右，亞馬遜朝著「什麼都賣的商店」邁進。它迅速擴大販售的品項，對許多產業的零售商和品牌商構成挑戰。同時，亞馬遜擴建倉儲網絡處理庫存。為了因應持續成長的線上市集和物流業務，亞馬遜依賴數家大型供應商的電腦伺服器。

然而，這些第三方伺服器的速度和可靠性開始出現問題。它們無法配合亞馬遜的成長速度進行升級。亞馬遜沒有四處尋找更多或更好的供應商，而是退後一步，提出一個大膽的想法。如果供應商的伺服器難以因應成長的業務，那麼其他和亞馬遜一樣的成長型公司勢必也會遇到同樣的問題。亞馬遜並沒有向外尋求解決方案，而是決定靠自己之力解決這個問題——儘管當時企業奉行的聖經是專注於核心競爭力，而將其他業務外包。

班傑明．布萊克（Benjamin Black）領導的團隊曾負責網站工程，現在負責探索解決這問題的潛在方案。時機恰到好處：由於亞馬遜對應用程式延誤感到沮喪，所以剛剛完成了一項艱鉅的工程，亦即要求新的應用程式必須使用API的標準，以便提高應用程式之間的相容性，擴大程式的應用面，成功解決某個具體問題。

布萊克記得，他的團隊當時並不確定要如何做才能找到解決方案，但他們知道，如果他們做到了，就能為亞馬遜和其他公司創造大量價值。有這樣的意識就夠了，因為這個認知是建立在高層已經存在的想法之上。二〇〇三年，執行長貝佐斯批准了這一想法，布萊克的團隊開始開發後來成為亞馬遜網絡服務（AWS）的專案。

他說：「一開始，我們只覺得這是一件有趣的事情。過了一段時間，我們才意識到這實際上是一種轉型。」

對於一家擅長物流和線上販售的公司來說，決定自製更好的伺服器是雄心勃勃的決定，也存在風險，而且可能血本無歸浪費資源。大家會質疑為什麼一家線上零售商能夠做出比專業公司更好的服務器？但這個專案最後奠定了亞馬遜在科技領域的地位。十年後，AWS的營收突破四十六億美元，挹注亞馬遜大部分的獲利。AWS至今仍是全球最受歡迎的雲端運算服務。貝佐斯卸任後的接班人安迪・賈西就出自AWS專案，曾是布萊克的上司。[157]

亞馬遜本可以繼續待在原地，守著電子商務領域，等著其他公司先行一步推出雲運算或其他解決方案。但亞馬遜等不及了，選擇大膽地靠自己解決這個問題。就這樣，它成了一個全新產業的先驅與領頭羊。

然而，在整個轉型過程中，亞馬遜核心的電商業務從未下降；公司各個領域都在同步成長。這種跨產業的主導地位給了亞馬遜一種安全感，讓它敢進一步大膽冒險，繼續類似的故事與篇章。例如，二〇〇七年，亞馬遜推出Kindle電子書閱讀器，涉足消費性電子產品領域。即使Fire Phone智慧手機慘敗，但寶貴的經驗同樣也幫助亞馬遜在二〇一四年推出突破性產品——Alexa語音助理／Echo智慧音箱。[158]

大膽有哪些策略優勢

本書至今已闡述永續創新企業需要有慷慨的胸襟——承諾為世界（尤其是顧客）創造價值的存在性目的，以及透過企業文化凝聚共識與專注力。然後接著指出，企業面對機遇和威脅時，必須以奮進但按部就班的方式，包括保持新創心態、鬆弛有據的節奏、以及雙模式解決問題。但只有這些特質還不夠：企業仍需大膽勇敢，才能實現永續改革。對產品和服務採取溫和保守、小心謹慎的態度是行不通的，因為它無法激發因大膽而產生的強烈情感能量。

布萊克和貝佐斯發現，克服棘手挑戰可以創造巨大的價值。在特斯拉、太空探索技術公司（SpaceX）等多家公司，馬斯克基本上把這種方法轉變成一種策略。作為一名天賦異稟的工程師，他激勵其他有天份的人堅持不懈地迎戰挑戰，他專門解決會在市場上產生高回報的難題。大膽存在風險，但成功才是實現差異化的關鍵因素，它能讓特斯拉、SpaceX等公司在競爭中脫穎而出。畢竟，如果你不夠大膽，你將永遠得和對手纏鬥，也永遠得不到投資人太多的尊重。

在汽車領域，這就是傳統製造商的際遇。通用汽車其實早在一九九〇年代就推出了電動車，但主要是礙於法規，而不是因為它相信這項技術。該款電動車未在市場造成轟動，加上法規改變，通用遂停止電動車領域的所有工作。當特斯拉立下以電動車顛覆整個汽車業的大膽目標時，它面對的是空曠的市場，而今它的市值已超過產量更多的傳統汽車公司。

類似的事情也發生在SpaceX身上，二〇〇二年馬斯克創立該公司時，可重複使用的火箭還是一個匪夷所思的想法。SpaceX一度差點破產，但靠著一次成功的試射，挺過破產危機，並不斷完善技術，終於迎頭趕上，超越老牌巨擘。他旗下的腦晶片新創公司Neuralink和隧道施工公司「無聊公司」（Boring Company）似乎也發生類似的情況。馬斯克發現，儘管遇到棘手難題，但只要有足夠的工程人才和資源，這些難題都可以解決，所以他從來都不吝嗇做這方面的投資。[159]

除了給投資人留下深刻印象，大膽策略還有兩大好處：

一、勇於創新的公司若繼續投資重點創新計畫，可持續保持競爭優勢。直到今天，特斯拉汽車的功能仍是傳統汽車製造商難以匹敵的，十年後，這些以內燃機技術為基礎的傳統汽車製造商終於開始銷售電動車了，但仍無法挑戰特斯拉定期更新程式的領先地位。

二、大膽行動能吸引高級人才。有雄心抱負的人願意為有雄心抱負的公司效力，因為他們知道自己可能參與改變世界的重大創新。有了高水準的人力，大膽的公司比那些員工技術水準較低的公司更可能實現自己的目標。大膽行動若與本書討論的其他要素互相結合，將會形成正向的回饋循環。

建立大膽的組織

新創公司較容易採取大膽行動，但對於成功的老牌大公司而言，可就難多了。後者認為，既然公司成績不俗，為什麼還要冒險？大公司既有的結構和例行作業程序設計都是圍繞著可靠性，而非重大創新。即使創辦人仍在掌權，也很可能記得早期的艱辛歲月，所以更喜歡維持現在的一帆風順。

因此，大多數成功的公司都會陷入墨守成規的狀態。有時，因循守舊的做法顯而易見，例如複製成功競爭對手的一舉一動。有時則是偷偷摸摸，例如以數位化方式複製或抄襲受歡迎的實體產品，卻不做任何改進或升級。

即使大公司雄心勃勃推動重大創新，往往會小心翼翼進行。Meta 公司虛擬實境頭戴式裝置的負責人在二〇二二年辭職，原因是進度緩慢，特別是效率不彰。豐富的資源造成派系林立，各自為政。公司也未及時止損，停止資助不切實際的想法，結果浪費了數十億美元，連帶無法如期履行所做的重要承諾。[160]

需要勇氣積極抵制墨守成規和藩籬現象。亞馬遜就是如此。創辦人貝佐斯記得，創業初期，「當時大家忍不住認為，網路書店應該具備實體書店的所有功能。」但他大膽提出了其他要求，稱：「我們並沒有試圖複製實體書店，而是從實體書店得到啟發，努力在新媒體找到舊媒體永遠做不到的事。」

同樣地，Kindle 的目標是改進紙本書，而不是試圖複製紙本書的所有功能。這的確是一項艱鉅任務，但貝佐斯讓設計團隊的注意力轉到「只有在新媒體才能實現的實用功能」。他提出引人深思的問題，對抗跟風與墨守成規的習性，逼著團隊不斷前進，直到成功為止；或者他的大膽行為最後引發市場強烈反彈，一如 Fire Phone 的下場。[161]

大膽行動的三部曲

我們往往認為公司採取大膽行動是因為領導人的個人風格使然。例如，英雄式的領導人可以透過意志力或個人魅力引領一大群人邁向新的方向。馬斯克本人無疑是一位非凡的領導人，似乎愈是艱難的挑戰，愈能讓他茁壯成長。特斯拉和太空探索技術公司的成就，確立他在企業史的地位，在二〇二二年，他忍不住收購推特（Twitter，現更名為X），並大膽地將其改造為一個用途更廣泛的社群平台。

然而組織的每個層級都可以變得大膽一些。就像本書描述的其他關鍵特質，各層級的員工在一定程度上都要能自主工作，不能完全依賴領導人指點。

一、從自己開始。大膽行動必須從某個層級開始，從高層開始效果最佳。了解自己、變成大膽的人、帶頭領導：這三部曲指導公司領導人如何進行制度性變革。首先，闡明你希望組織追求的偉大夢想。然後了解自己，包括自己的優勢、劣勢和最終的願望。了解自己可以做出哪些妥協，以及絕對不會對什麼做出讓步。

然後成為大膽行動的人，不論是內在還是外在。充分發揮你的優勢，改進你的弱項，確保你的內在價值體現在你所做的每一個改變上。最後，帶領其他人跟進照做，相信他們會受到你樹立的榜樣而勇氣倍增。你追求夢想的能量將鼓舞他人，點燃他們的能量。

開始一個大膽的專案時，清楚知道過程中的每一步都可能遇到挑戰。即使公司的核心業務沒有陷入困境，但是將資源轉移到新計畫仍會讓你感到不安。你將面臨財務、心理和感情上的障礙。大膽前進並不是一次性的決定，而是要不斷地抵抗跟風和模仿。

這正是亞馬遜 Alexa 專案出現的情況。亞馬遜的工程師謹慎提出預測，認為 Alexa 的主要用途將是播放音樂，因此只須創造具喚醒功能並回應用戶語音指令的智慧音箱即可。儘管公司仍受 Fire Phone 慘敗影響（一些專家認為這款智慧手機的野心過大），尚未恢復元氣，但貝佐斯鼓勵團隊大膽前進；他想要更多。Alexa 團隊可能將 Fire Phone 的教訓銘記在心，所以小心翼翼，但貝佐斯沒有。他想再放手拚一次。

參與 Alexa 專案的高階主管葛雷格．哈特（Greg Hart）回憶道：「貝佐斯不願意放棄讓 Alexa 成為多功能電腦的想法。他告訴我們：『你們的方向錯了。先告訴我什麼是神奇的產品，然後再告訴我如何實現它。』」

貝佐斯非常堅定，所以當公司內部團隊未能及時做出他想要的產品時，亞馬遜乾脆收購了 Evi，這是一款模仿 Siri 的應用程式，已經早 Alexa 團隊一步，成功實現該團隊正在努力開發的語音問答功能。貝佐斯以兩千六百萬美元的價格，再次向團隊證明他對 Alexa 的信心，並讓他的團隊重新專注於值得努力的創新上：創造尚不存在的功能。

貝佐斯還想要一款能與人交談的音箱，而市面上沒有任何一樣產品能做到這一點。Alexa 團隊的工程師發現，「消費者對於編寫程式碼讓機器回應『嗨，你好』的想法感到不安。」深度學習是解決這問題的答案，但獲取必要的數據需要幾十年的時間。貝佐斯想到一個大膽的捷徑：他與一家數據蒐集公司合作，然後租房子，在房內安裝亞馬遜設備（Alexa），並派員工每天待在屋內八小時朗讀寫好的腳本，目的是讓亞馬遜的數據庫記錄每個字詞。這項耗資數百萬美元的計畫只占了亞馬遜對 Alexa 總投資時間和金額的一小部分，但總算收到成效。兩年內，亞馬遜已售出一百多萬台由 Alexa 程式驅動的 Echo 音箱。

最值得注意的是，這些具有變革性的冒險計畫都是企業自願進行的。亞馬遜並未瀕臨破產或流失顧客。以開發 AWS 為例，它只是為了處理伺服器的一些小問題。大多數公司可能會拒絕投入人力和資金，因為他們的核心業務仍在快速成長，充滿商機和發展空間。對於 Alexa，如果其他公司也想開發類似產品，他們的目標可能只是播放音樂，但貝佐斯卻不顧巨大的開支和風險，堅持更進一步。他樂於冒著巨大的風險，並帶著大家一起實現夢想。

至於馬斯克掌舵的公司，它們在規模尚小的時候就採取了大膽的行動，但在取得成功後仍不斷創新。特斯拉進軍平民車市場和卡車市場，SpaceX 則開發了登月太空船。

二、勿陷入沉沒成本謬誤。大多數公司往往只有在最初熱銷的產品偃兵息鼓，無法再維持企業營運時，才會採取大動作。即便如此，它們也很難克服對最初產品的情感依賴。它們陷入沉沒成本謬誤，一直想再給該產品一次機會。於是，他們將時間、精力和資金投入到已經失敗的事業，遲遲不願轉向，朝更有前景的方向前進。沉沒成本謬誤加上規避風險的心理，甚至讓已陷入困境的公司坐以待斃，拒絕做出改變。

勇敢的領導人可以發出強烈的訊息，抵制公司陷入這種偏見：無論過去取得了多麼傲人的成績，當前的資源都應該用於有成功潛力的產品和人力。前幾章介紹了二〇一四年納德拉接掌微軟後，微軟做出戲劇性改變，大幅偏離其長期策略。微軟曾經利潤可觀的產品已毫無創新可言：Windows 作業系統面對競爭對手——谷歌免費的瀏覽器 Chrome，陷入舉步維艱的困境；Office 套裝文書軟體則在眾多價格較低的替代產品攻勢下節節敗退。對下一代產品的投資，尤其是收購諾基亞後對智慧手機的投資，讓微軟大失血，導致一些有機會成功的領域得不到所需的資源。

納德拉立刻意識到，必須去掉這個沉重的負擔，因此他停止更新 Windows 作業系統。Windows 曾經是微軟皇冠上的明珠，在一九八五年首次問世，每年的更新耗費了公司大量工程技術人員的心力。儘管有輝煌的過去，但納德拉看清，Windows 的商業模式已經不能有效地服務公司和顧客，因此他決定將公司營運重心從 Windows 轉移到其他領域，甚至做出令人震驚之舉，免費提供顧客使用 Windows。

與亞馬遜的賈西一樣，納德拉也是靠快速成長的雲端運算部門嶄露頭角，因此他能更客觀地評估 Windows 相對於其他領域的成長潛力。儘管如此，這仍是一個勇敢大膽的舉動，也是微軟數位化轉型和全面改造的眾多舉措之一。

納德拉果斷放棄開發智慧手機，雖然收購諾基亞的七十二億美元因此付諸流水，卻接收了人力，可用於更具發展機會的領域。他承認花在 Windows、諾基亞和其他走下坡事業上的時間和金錢，是鉅額的損失；但他堅信，迎頭趕上產業的領頭羊實際上並不可行。他對同事說：「我們努力追趕，但一直落後，只能看到競爭對手的車尾燈。」

由於目前的硬體和軟體事業陷入停滯，而且落後競爭對手太多，無法從頭開始打造任何創新產品。納德拉希望利用微軟的資本作為跳板，加入高需求的產品和服務。這些新機遇在哪裡？公司如何達到這些目標？納德拉制定了一個新策略，強調電玩、社群媒體、雲開發和人工智慧等領域：在這些領域，微軟已擁有一些資產和基礎，但肯定落後，而且從未真正用心開發過。然而，微軟看到了成長和機會，於是納德拉進行了一系列大膽而冒險的收購行動，收購了一百多家企業，涵蓋硬體和軟體，其中大部分擴展了微軟原有的服務。

其中最大一筆收購案是二〇二二年以六百八十七億美元收購電玩開發商動視暴雪（Activision Blizzard），納德拉稱這筆交易將「為打造元宇宙提供基礎」。同樣重要的收購還有二〇二一年以七十五億美元收購遊戲開發商 ZeniMax；二〇一六年以二百六十二億美元收購社群媒體平台領英（LinkedIn）。其他公司則加強了微軟的雲服務，而今微軟旗下的 Azure 服務已成為 AWS 的最大競爭對手。

這些投資和收購之所以成為可能，完全是因為投資人看到了微軟不再僅專注於傳統的硬體和軟體事業，而是轉向更具成長契機的領域——並不斷獎勵微軟這種大膽做法。截至二〇二二年十二月，微軟的市值從二〇一四年的三．四億美元飆漲至一．八兆美元。

納德拉體現了一種觀點：**大膽行動需要持續不滿或不安於現狀**。頻繁在新領域和舊產品之間進行機動性進出，是微軟這樣一個龐大公司維持市面上產品競爭力的唯一方法，同時也能最大限度縮小落後的程度。我們可以預見，如果元宇宙或人工智慧這兩個領域沒有達到預期目標，微軟會再次改弦易轍。

三、簡化結構。如果一個組織中有大量的中層管理人員，他們會扼殺或稀釋來自高層（或底層）的任何大膽行動，影響所及，組織就無法大膽前進。因此，大膽行動通常需要精簡的組織層。

保羅．波爾曼（Paul Polman）擔任聯合利華執行長時就是這樣做的，當時聯合利華的組織結構圖多達十二層。他將組織結構圖加以簡化與合併，縮減到五層，然後提出一個大膽策略，圍繞社會責任和滿足利益相關人士的要求。他這個策略在數年內成效不錯，但是繼任者艾倫・喬普（Alan Jope）掌舵後，聯合利華開始停滯不前，公司又重新進行精簡，出售了茶飲和冰淇淋等主要品牌。[162]

大膽前行的勇氣

如果你想大膽行動，但又擔心會走得太快或太遠，該怎麼辦？可以透過廣泛收集訊息降低風險，不要侷限在習慣的生活圈子中。世上所有的數據都不會給你確定性，你仍然需要做出主觀判斷。而這需要一定的成熟度、冒險精神和創造力，許多領導人都缺乏這種能力。正如企業顧問瑞姆・夏藍（Ram Charan）的解釋，「你需要心智能力和韌性，將你的推斷編織成有意義的東西，還需要發揮想像力，思索新的選項。」[163]

這意味要正視讓大多數執行長因為恐懼失敗而輾轉反側的狀態，這種恐懼往往源於完美主義，這是一種不理性的心態，認為一切都要按照計畫一絲不苟地進行，但商業環境是出了名地充滿不確定性——即使表現亮麗的公司，領導人通常也會把大部分時間花在救火上。因此害怕失敗多半是因為害怕丟臉。

但是克服一種情緒的唯一方法就是用另一種情緒。正如作家亞瑟・布魯克斯（Arthur

Brooks）所言，你必須累積勇氣，他建議可以這麼做：專注於當下，想像一個勇敢的行為，並清楚說出自己希望克服恐懼的意志。這些步驟可以幫助你累積能量、克服恐懼、以及大膽行動。[164]

雖然培養勇氣、克服恐懼是不錯的開端，但企業中多數大膽的決策都是有條不紊地進行。即便是大膽的領導人，有時也會抗拒大膽的決策，而這往往是有道理的，只不過我們鮮少知情罷了。正如學者凱瑟琳．瑞爾登（Kathleen Reardon）所言，勇敢的企業領導人會避免採取成功率極低、回報甚微的行動；也不會把政治和經濟資本浪費在非優先領域；會以風險較低的方式實現自己的目標。只有在別無選擇的情況下，他們才會大膽行動——而上述一系列做法給了他們這樣做的勇氣。[165]

我還想補充一點，領導人的勇氣也來自於他們對公司存在性目標的承諾。這種承諾並不能消除風險，卻能提供他們情感上能量，讓他們能夠克服習慣性的顧慮與恐懼，實現渴望已久的目標。大膽行動多多少少與情感相關——尤其是當今的環境，市場充滿變數與不穩定，無法光靠理性應對。

大膽踩煞車

大膽並不代表一味地追求規模或速度，反而更關注品質：我們是否有效地為公司建立了可持續發展的事業？在快速成長期，公司可能會因為努力擴大規模而忽略對基本原則的關注。他們可能會意識到產品的標準正在下降，但要能真正放慢腳步、縮減規模，以利重新鞏固或加強這些標準，需要十足的勇氣。暫時的減速會讓一些顧客不開心，但這對確保產品維持一流的品質至關重要。

蘋果公司創立之初，共同創辦人賈伯斯和史蒂夫・沃茲尼克（Steve Wozniak）專注於創新和品質。顧客是後來才考慮的問題。一九八四年，蘋果的麥金塔（Macintosh）個人電腦上市，但銷售成績令人失望，也成了賈伯斯被迫離開蘋果的導火線。然而，麥金塔的品質實在太過出色，最終成功改變了世界。正如第4章所述，賈伯斯並不在乎銷量。

賈伯斯在乎什麼呢？他在乎品質，他受不了任何一個品質低劣的產品，即使他知道對於大多數顧客而言，自家產品的技術已經非常先進，他就算偷工減料也能滿足他們。可以從下述內容看出他的堅持：

> 如果你是一位木匠，受委託製作漂亮的抽屜櫃，雖然抽屜櫃的背面靠牆，永遠不會被人看到，但你不會將就使用夾板木。你自己知道它就在那裡，所以你會在背面使用一塊漂亮的木板。為了讓你晚上安心入睡，整件產品都必須兼顧美學和質感。

一九八五至一九九七年，賈伯斯被迫離開蘋果期間，蘋果專注於利潤而非品質。在行銷專家約翰・史考利（John Sculley）的領導下，蘋果較少關注創新，結果陷入困境。是時候重新展現大膽作風。賈伯斯回歸後，精簡了他缺席期間蘋果公司推出的產品。雖然其中一些產品有利可圖，但他希望推出突破性的產品，這些產品讓蘋果重新獲得市場青睞，並奠定蘋果的聲譽。結果市場反應熱烈：從 iPhone、App Store 到 iPod，一系列革命性的產品讓蘋果一躍成為世界上最有價值的公司。連帶利潤飆升，遠遠超過史考利的成就。賈伯斯分享了他的理念：

我一直熱衷於建立一家歷久不衰的公司，激勵員工滿懷動力創造出偉大的產品。其他一切都是次要的。當然，獲利是件好事，因為只有獲利才能生產優秀的產品。但產品，而非利潤，才是動力所在。史考利顛倒了優先順序——以賺錢為首要目標。這種差別看似微不足道，但它最終會影響一切——你雇用的人、誰會得到晉升、你在會議上討論的重點等等。

賈伯斯在開發全新銷售管道時，也同樣地大膽。蘋果本可以建立傳統的零售門市，並且會做得不錯，但他想要一個能和顧客實際生活體驗結合的門市。羅恩·強森回憶道：[166]

當我們開車去見我的團隊（負責店面設計的團隊），我告訴史蒂夫，我一直在想，零售店的布局與陳列方式全錯了——我們像零售店一樣，以產品為中心的方式擺設，但我們應該按照主題布局，例如音樂、電影、大家日常所做的事等等。他看著我說：「你知道這是多大的改變嗎？我沒有時間重新設計店面。你也許是對的，但我希望你不要對任何人說起這件事。」我們一見到團隊，史蒂夫說的第一句話就是：「羅恩認為我們商店的布局全錯了，他是對的，所以我現在要走了，羅恩你留下和團隊一起工作。」那天稍晚，史蒂夫打電話跟我說：「你讓我想起一件事，我在皮克斯每部電影裡學到的寶貴經驗。在電影即將上映時，我們發現劇本可以更好，結尾不太對，這個角色不是應該的樣子。在皮克斯，我們願意先別擔心電影的上映日期，而是先把電影做好。你只有一次機會拍攝一部電影，你也只有一次機會推出一家商店。因此，重點不是你做得多快，而是要盡全力做到最好。」

超微（AMD）也同樣踩了煞車，重新專注於基本業務。從一九七〇年代到九〇年代，該公司一直是領先的半導體製造商，但二〇一五年瀕臨破產，原因包括投資的事業失利導致負債累累、分裂的內部文化以及個人電腦銷量急劇下降。二〇〇〇年代初，該公司投資兩億美元建造晶圓廠，但仍不敵最大競爭對手英特爾，後者在同一時期鞏固了它在傳統電腦內中央處理器（CPU）領域的主導地位。

一些工程師和高階主管急於繼續前進，將重心轉向研發繪圖處理器（GPU），這等於是拱手讓英特爾在沒有競爭對手的情況下一路狂奔，獨占CPU市場。而另一些人，也許是被沉沒成本謬論矇蔽了雙眼，堅信只要不斷改進，超微的CPU仍然可以與英特爾一較高下。據說上述爭議導致了「產品品質出現缺陷」，公司領導層換人，由蘇姿丰出線，擔任執行長。

在前幾章有關比馬龍效應和雙模式管理的章節裡提到，蘇姿丰擁有豐富的半導體技術背景和數十年的專業經驗。她和其他人一樣，了解這些晶片看似有無窮的潛力。然而她上台後所做的第一個重大決定就是「減法」。

蘇姿丰發現，大量專業人才湧入半導體產業，導致半導體產業顯得過於飽和。當每家公司都擁有技術人才時，成功取決於如何謹慎分配資源：

> 如果你是一家技術公司，確定自己真正擅長的領域非常重要，因為你必須是業界第一或第二……一切都取決於專注，「嘿，這就是公司的基因，讓我們盡可能成為這個領域的頂尖，以便在市場推出更好的產品。」

蘇姿丰看到超微最大的優勢在於為快速成長的遊戲產業和數據中心提供高性能的晶片，因此接下來的一年裡，她幾乎把公司內所有工程人力都集中在開發最先進的晶片上，基本上放棄了英特爾主導的 CPU 市場。

煞車奏效了。超微在遊戲產業找到新的突破口，營收大幅成長，從二〇一四年的六十億美元遽增到二〇二一年的一百四十億美元。當公司努力維持競爭力時，執行力可能勝於創意。勇於退一步，反而會帶領企業向前邁進。

大膽行動確實需要敏銳的策略意識。在執行長赫德的領導下，Bumble 採用了異於競爭對手的方式，讓線上約會應用程式踏穩了成功的第一步。不同於競爭對手專注於用戶參與度、新功能和訂閱計畫，赫德（參見第4章「比馬龍效應」）則專注於安全。為了支持安全約會，Bumble 所內建一種人工智慧演算法，會預測用戶行為，進而封鎖可能會有不當行為的用戶。正如赫德所言，「Bumble 銷售的其實是一種對人際關係的掌控感，而人際關係猶如煉金術般神秘。」

這種利基策略不僅為 Bumble 在美國攻下可觀的市占率，因為它在美國的女性用戶比例遠高於競爭對手，而且連帶拉抬它進軍國際。在二〇一八年，該公司大膽進軍印度，該國的性暴力以及執法不一致讓許多女性不敢在網上約會，以免被不肖徒跟蹤。赫德和團隊花了幾個月了解怎樣才能讓印度女性在網上約會時感到安心。他們剔除了一些在美國被視為理所當然，但在印度卻會被視為不妥的功能。大膽行動包含了放棄（刪除）和前進（擴大）的勇氣，而這個勇氣也為 Bumble 搶灘成功。[167]

滿足現狀的百視達與諾基亞

其他人缺乏大膽行動，大膽行動反而變得格外重要。當一家搖搖欲墜的公司缺乏浴火重生的大膽行動與雄心壯志時，很容易將自己的困境歸咎於外部因素。百視達熄燈（參見第5章「創業心態」）顯示，當領導人寧願自鳴得意也不願鼓起勇氣大膽行動時，歸咎外部因素是企業面對失利時的典型反應。百視達的前財務長湯姆．凱西（Tom Casey）一再將公司的倒閉歸咎於外部因素，而非公司的策略錯誤。例如，他不覺得公司二〇〇七年拒絕收購網飛是決策錯誤，反而怪罪公司脫離母公司維康集團（Viacom）後仍在消化債務，偏偏這時時運不濟，碰上股市跌跌不休。評估過這些時間軸之後，我們發現他試圖在百視達與網飛兩家公司之間畫上等號的做法根本站不住腳。二〇一〇年，當百視達聲請破產時，有長達十年的時間，百視達基本上一直提供相同的產品，反觀網飛則是不斷創新。凱西的分析反映的不是運氣不好，而是百視達的整個營運模式只是網飛的次要事業。二〇〇四年百視達推出名為「百視達線上」（Blockbuster Online）的郵寄到府服務後，該公司一直將這服務與實體門市緊密結合，沒有做出重大改革。而同一個十年內，網飛陸續發展出數位化郵寄到府服務、影音串流、自製原創影集等等。

諾基亞同樣沒有在露出敗相時大膽行動。正如我在自序中所言，諾基亞缺乏受顧客喜愛的大膽創新產品。換句話說，世界變了，諾基亞卻沒有相應地做出因應和創新。百視達和諾基亞沒有大膽行動，每踏出一步都猶豫不決。但它們的領導人仍在為失敗尋找看似合理的藉口——商業環境如此複雜，一定不難找到可以甩鍋的理由。這就是自滿的威力：它扼殺你的視野，讓你容易受到外界因素的影響。大膽行動則讓你自由、充滿活力，勇敢克服障礙，帶領膽怯組織前進。

讓員工自由，鼓勵他們大膽行動

光是領導人有膽識是不夠的，他們必須打造一個鼓勵大膽行動的組織和文化。心理安全備受關注，而這點確實很重要。研究顯示，員工若覺得安心以及得到充分支持，會更願意大膽冒險。如果他們擔心受到懲處，或更糟的是，擔心自己的想法無法實現，員工就不敢大膽行動。

然而員工的參與同樣重要，卻時常被忽視。在接受一項艱鉅的任務之前，如果團隊能培養高昂的士氣，團員自然會全力以赴。他們需要對自己有信心，也需要肯定團隊的實力。

遺憾的是，員工在職場對工作的參與程度普遍偏低；大多數人似乎對工作失去熱忱。即使他們覺得心理上受到公司鼓勵，支持他們冒險，但他們可能不怎麼在乎公司的發展，不想努力讓公司變得更好。

實在不難想像這種情況也會發生在百視達。當你加入的是一家十多年來一直沿用相同商業模式的公司，他們當然不太可能提出大膽的新想法。對現狀滿足的公司不太可能徵詢和傾聽新看法，也不會鼓勵大家分享見解。百視達的新進員工可能會迸出各種創意，但他們也不會有動力去實現這些想法。

員工的參與度取決於提供持續發揮創意和分享想法的平台。ZARA之所以與這些自滿的公司形成強烈對比，是因為ZARA將員工的回饋納入它的商業模式之中。

正如第5章「創業心態」所述，ZARA會與顧客共創快時尚，進而展現與對手之間的差異化。自一九七五年以來，該公司建立了一條供應鏈，其中包括一個機制，讓顧客不斷提供回饋。隨著技術的發展，從門市到設計師的數據傳輸也愈來愈快速。**創辦人奧特爾加並不認為自己比顧客更了解時尚，也從不聘用自認比顧客了解時尚的設計師。**相反地，他相信自己可以建立一個對顧客回饋反應迅速的生產系統，靠這個策略戰勝那些看重創新設計的競爭對手。而這種冒險的商業模式需要員工的高度參與。

因此，ZARA門市員工又多了一項責任，就是收集和傳達顧客的回饋意見。公司在技術上簡化了傳輸工作，由門市經理負責確保員工積極參與。粉色圍巾的例子示範了這個模式的實際效果。

二〇一五年，在兩天的時間裡，有三位女士分別在東京、舊金山和多倫多等三家不同家門市詢問粉色圍巾。這三人當天在店裡都沒有添購任何東西。

警覺性高、積極參與的店員迅速報告了這些要求，一週之內，全球兩千家ZARA門市進貨上架五十萬條粉紅色圍巾。短短三天內，每家門市的圍巾銷售一空。ZARA靠著積極參與、反應迅速的員工，加上聞名遐邇的快速生產能力，成功地在短短一週內推出了以顧客需求為導向的產品。ZARA不僅重視而且依賴員工的意見，也將員工的參與列入工作要求。

前面幾章提到一些公司透過打造自主文化，提高員工的參與感。網飛基本上要求員工保持警覺性，並自主做決定，這是一種建立在信任基礎上的冒險做法。共同創辦人兼執行長里德·哈斯廷斯（Reed Hastings）說，這種自主性在看重創意的公司至關重要，因為少了自主性，公司可能面臨創新不足的巨大風險。

網飛對員工的要求只有兩點：完成工作目標並不斷精進。公司沒有著裝要求或固定的工作時間；假期不受限制；公務開銷由公司自動支付。但是沒有人的工作是鐵飯碗，哈斯廷斯坦承，「我們的企業文化備忘錄上白紙黑字寫著，表現僅達到合格水準的員工，公司將給予優渥的離職補償。」

這種彈性高但競爭激烈的環境與網飛的策略不謀而合，亦即依賴誠實與嚴厲的意見回饋，確保影視節目、產品和員工必須不斷展現有利公司的價值，才能續留公司。這種環境的透明度可以確保新人了解自己的工作性質，也有助於吸引對現有工作感到無聊，並渴望尋求快節奏、願意積極參與挑戰的人才。

ZARA與網飛這兩家公司都把員工參與納入商業模式，藉此鼓勵員工積極參與。ZARA需要店員傳達顧客的回饋意見，網飛則需要富有創意的員工保持產品的吸引力。為了網羅人才，以及讓新人積極參與，領導層必須打造讓員工覺得安心的環境，員工才有足夠的安全感大膽思考，進而提出如何改進工作流程。

本章開頭引述了一句歌德的名言：「大膽行動同時也伴隨著天份、力量及魔法。」指出大膽行動蘊含的創造力。這句名言激勵人心，但它的真正含義是什麼？它必定不只是指一位果決領導人所蘊涵的能量。

大膽行動，方向更清晰

大膽行動若是與實現公司的存在目的有關，大膽行動將有助於提供清晰的思路與方向，並克服傳統公司因為小摩擦和小糾紛導致進展緩慢的問題。特斯拉的一位前高管指出，員工在公司沒有真正的工作保障——就和網飛員工一樣，表現僅達到合格水準的員工可能會被解雇。如前所述，執行長馬斯克很少關注層級結構或規程。當他發現一個關鍵問題或瓶頸時，他大膽的遠見讓他能清晰找到問題的根源，並積極參與解決問題：[168]

> 馬斯克奉行「第一性原理」，解決問題的最快方式是直接找到負責解決問題的經理，而不是透過中階管理網絡，因為問題可能種種原因被中階管理網絡所擱置，或是原本應該具體清晰的問題陳述，可能在過程中變得不那麼明確具體。

儘管採用了這種打破層級的激進方式，特斯拉的工作進展卻異常順利。權鬥內鬨少得出奇，而且員工的參與度很高，這都要歸功於膽識，上述高管表示：

> 很多員工都相信使命。由於公司懷抱宏偉的目標，員工獲得授權，有極高的自主性開發令人讚歎的產品，他們在一個講究超效的環境中工作。特斯拉有這樣一種文化和期望：的確，公司的目標看似不可能實現，但世界需要我們實現它們。這裡每個人都非常出色，他們精通自己的領域，會做好自己分內的職責，我不想辜負他們的期望。

類似的情況似乎也發生在軍事和政治局勢中。當俄羅斯（Russia）入侵烏克蘭（Ukraine）

時，西方觀察家預計後者會迅速垮台。畢竟烏克蘭的軍事實力遠不敵俄羅斯，而且被俄軍從三方包圍。許多烏克蘭公民要嘛能說一口流利的俄語，要嘛支持俄羅斯的入侵，希望解決該國普遍存在的貪腐問題。北約甚至對烏克蘭總統澤倫斯基（Volodymyr Zelensky）提供了私人專機，可以載他安全逃離首都。

但被澤倫斯基捍拒，他的回應很有名：「我不需要護送，我需要的是彈藥。」他號召同胞抵抗俄軍入侵。雖然他們受益於北約援助的軍事裝備以及俄羅斯的失誤和無能，但主要憑藉自己的勇氣和決心扭轉了局勢。烏克蘭人民在戰前可能有一種隱約微妙的民族認同感，但澤倫斯基的膽識激發了人民發揮內在力量，這是自滿的俄軍所望塵莫及的。

同樣地，甘地（Mohandas Gandhi）勇敢帶領印度脫離大英帝國殖民統治。他發現大英帝國的弱點，但也知道發動攻擊需要非凡的勇氣。因此，他訓練自己的追隨者進行非暴力抗爭，讓殖民官員非常不安，最終實現印度獨立的目標。在一九六〇年代，美國黑人馬丁路德·金恩（Martin Luther King Jr.）從甘地成功的經驗學到非暴力抗爭的原則，帶領美國民權運動取得類似的成就。這些領導人的大膽行動創造了明確的道德觀，團結堅定的支持者，減少拖累大多數組織前進的摩擦和內訌。

所有改變都需要勇氣，但大多數公司的改變只是為了跟上產業的趨勢與標準。實際上捍拒從眾行為的公司很罕見，而且成本高昂、風險又大；改變現狀需要勇氣，而大多數公司缺乏這種勇氣。在公司快速成長期更是如此，例如亞馬遜在開發雲運算事業時就是如此。不過即使陷入困境，例如二〇一四年的微軟，就算提出大膽的計畫也難以推動。公司需要一位新任執行長勇於放棄沉沒成本，放眼未來與開發新機會。百視達由盛而衰的現象是更常見的例子：最初的產品與服務非常出色，但自滿於現狀，企業繼續提供相同的服務，幾乎看不到創新契機。

有時，大膽行動需要精簡或縮減規模。繼續生產賺錢的產品可能在財務報表上有好看的數字，卻難以持久。更大膽的做法是將資源重新分配到潛力更大的領域。因此，蘋果和超微決定，公司恢復成長之前，必須先進行精簡。

同樣值得注意的是，大膽的領導人需要大膽的組織，而這有賴於文化與結構——能鼓勵員工參與、積極主動、以及阻止自滿心態。無論是傳遞訊息還是推出新產品，各層級的員工都需要大膽前進，而不是只會言聽計從地追隨領導人。

最重要的是，大膽行動需要一種不安於現狀的精神——永遠不滿足長期以來一直成功的做法。大多數領導人缺乏貝佐斯或馬斯克那樣的非凡天賦，但可以學習他們的管理模式——堅持實現公司的使命以及勇於創造不凡的價值。

第9章
跨界合作

我們是如何治癒小兒痲痺和天花並將人類送上月球？我們如何能在短短十三年內完全解碼人類基因組？答案是「合作」。

——馬格麗特．古莫（Margaret Cuomo），知名放射科醫生

在一九〇六年，英國博學多才的統計學家法蘭西斯．高爾頓（Francis Galton）參加了某郡的市集，看到民眾估算一頭牛的重量。之後高爾頓把大家寫著猜測數字的卡片借來看看，結果他驚訝地發現，七百八十七張卡片的平均值幾乎就是這頭牛的實際重量。這數字比任何一個屠夫和農夫的估算都要準確，但屠夫與農夫可是被大家公認是這方面的專家，具有一定的眼光與慧眼，不是嗎？

高爾頓的結論成了「群眾智慧」（wisdom of crowds）的原理，即一群人的智慧可能超越這群人當中最專業的個體。不同領域所做的多個研究發現，把眾多人的判斷與猜測匯總在一起可以顯著提高準確性，因為個體的誤差會互相抵銷。眾包判斷（crowdsourced judgment）已提升醫療診斷、科學研究和經濟預測的準確性。

各種預判與預測至關重要。就像股市泡沫，一群想法相似的人可能會把一家公司推向懸崖，因此所有的集體智慧都需要多元化觀點。最有智慧的群體必須納入意見相左的個體。在實務上，這意味著要在整個組織中廣泛催生合作。[169]

為什麼合作很難？答案是「穀倉效應」

到目前為止，我們一直強調優秀人才在敏捷創新領域的角色，以及如何靠公司的存在目的激勵他們。但是僅靠個人才華是不夠的；公司還需要大家齊心協力，合作完成更大的成就，超越任何一個人可單獨能完成的東西。事實證明，真正的合作非常困難——只有勇氣十足的公司才能讓整個公司內各個層級或各個部門維持長期合作關係。

通常情況下，兩個人合作勝過一個人單打獨鬥。在職場、學校以及家庭裡，遇到艱鉅的挑戰時，團隊合作往往比個人單獨行動更容易克服難關。按理說，組織規模愈大，面臨的挑戰就愈複雜，但為什麼有些組織更容易實現團隊合作，有些組織卻不行呢？

每家公司都宣稱他們重視合作，但是除了高績效公司，以及正式編制的團隊之外，真正合作的例子卻非常少見。[170]為了理解這個現象，我們必須正視何謂「穀倉效應」。當公司規模較小時，每個人都互相認識，跨部門合作既容易又必要。公司為了求生存，所以每個人都樂於彼此幫忙。一旦公司成功，多半會擴大規模，提供更多的產品與服務項目。但是多年後，公司員工人數龐大，活動又多又複雜，以至於每個部門自成一個世界，與其他部門的互動愈來愈少。

在這種新狀態下，領導層往往理所當然地認為，公司既然會繼續存在下去，所以開始建立自己的小王國。每個人都在尋找安全感，而他們掌控的組織或部門愈穩健牢靠，他們愈有安全感。最成功的公司在擴大規模以及多元化的過程中，必須建立專業分工與各自獨立的業務——亦即多部門形式。所有這些各自獨立的「穀倉」雖有利於處理複雜性，代價卻是難以跨部門和跨區合作。各穀倉的經理和員工都想保護自己的地盤，把資源留給自己用。

理論上，高階主管層應該進行廣泛的合作，但實際上，高管和其他人一樣也是人，他們往往更在乎保護自己的領域，而不是冒著風險與其他人合作，擔心萬一合作導致自己失去資源或落得被執行長看輕怎麼辦？

隨著公司擴大規模或增加複雜的作業流程，專業分工的「穀倉」不可或缺。每個領域都需要專業人員，他們能夠以較低的成本穩定地執行這些流程。在二十世紀中後期，企業就是透過高度專業分工、各自獨立作業的穀倉，提供大量、優質的產品和服務，促進現代經濟的富足和繁榮。

二十世紀大部分時間裡，市場相對穩定，在此情況下，專業分工的穀倉模式合情合理。但是今天大多數公司都面臨技術進步造成的動盪與翻轉，各部門獨立作業就危險了。動盪不會以有秩序、可預測的方式發生，它會影響整個組織的活動，要克服動盪，必須迅速收集資訊、誕生新的想法、靈活調整並善用這些動盪提供的機遇。因此我們需要密切而徹底的合作：在這種環境下，大家不受結構或文化束縛，為組織或公司尋求解決方案。

實務上，密切合作包括高階主管經常向指揮鏈下端的專家諮詢，或是工程師跨部門合作，共同開發解決方案。合作有許多不同的形式，不管什麼形式都有助於確保組織的靈活性。

問題不在於單位別或部門別的結構本身，而在於將這些部門或單位變成封閉穀倉的心態。永續創新的公司仍然需要組織與架構，有序地推展各種業務與活動，這些結構不一定會對創新產生反效果。重要的是，公司是否做好準備，無論採用何種架構或結構，都能讓公司從廣泛合作中得到好處。這種準備來自以下幾點：

一、對新的解決方案持開放態度，無論這些想法出自哪個部門，或是多麼前所未見。

二、企業文化鼓勵合作、不強調各自為政的封地主義。

三、結構足夠開放與靈活，允許廣泛合作。

若想了解促進合作有多麼困難，就必須明白，如果公司真的像它們宣稱的那樣重視合作，就必須把合作的重要性置於層級結構之上。特斯拉就是真正將合作置於首位的公司，它重視各領域的專業知識，而不是管理職位的等級。當特斯拉的團隊遇到挑戰，他們可以繞過高層指揮系統，跨部門解決問題。正如前幾章提到的，**團隊領導人應該直接找到具備解決問題知識的人，並迅速解決問題**。執行長馬斯克以實際言行示範了這個做法：

> 為了整個公司的利益，特斯拉任何一個人都可以而且應該透過電子郵件或直接交談的方式，表達他們認為可最快解決問題的方法。而且你應該覺得自己有義務這麼做，直到解決問題為止。

在特斯拉，跨界合作已成為常態，大家有額外的動力，努力精進自己的領域——因為他們不能依賴穀倉或地盤的保護，讓自己遠離挑戰。他們需要不受束縛地與其他部門的人攜手合作，其他部門的人看在他們專業知識的份上而尊重他們。公司重視結果，為了實現結果，大可無視穀倉和層級。

這就是跨界合作的精髓。它超越了大家遇到複雜問題時尋求他人協助的一般性合作。永續創新的企業認為，只有積極合作，才能跟上瞬息萬變的市場。跨界合作的關鍵既涵蓋結構，也涵蓋文化。

跨結構合作

海爾的小微企業

合作型組織有多種形式。一些永續創新的公司採「去中心化」的營運模式。在第2章，我們指出海爾致力於向全球眾多不同的市場提供優質家電，為了大量生產各種新產品，海爾將業務分散到內部創客生態系統中的許多小微企業。另一個極端是像蘋果這樣的公司，為了生產革命性、用戶易於操作的創新產品，採取高度集權、職能別分明的組織形式。這兩家公司都實現了令人印象深刻的跨結構合作，以利實現符合它們商業模式的創新。

在海爾，大多數員工分散在數千個獨立的小微企業（microenterprise），專注於開發特某個產品和市場。每個小微企業都有責任開發穩健的業務，而且盈虧自負。失敗的小微企業會被拆分，由其他單位接收它的資源和業務。為求成功，小微企業必須獲得相關技術和生產方面的專業知識，因此需要與其他單位的同事合作。所以海爾建立了廣泛合作的規章與準則，協助小微企業推出每個所在地顧客需要的產品。

海爾產品的技術愈來愈高階複雜，尤其是將物聯網應用到家電產品裡，因此不斷提升跨結構合作。海爾支持每個「小微社區生態系統」，不管是跨產品合作還是跨地理區域合作，都有兩個合作結構：一個是體驗EMC（Experience EMC），協助各部門保持對用戶需求的敏感度；另一個結構是解決方案EMC，推出能解決用戶痛點的產品和服務。

這就是跨界合作的另一面：海爾可以讓各部門自主管理自己的業務，因為公司知道各部門會在需要時尋求其他部門的協助。例如，某地負責生產冰箱的部門發現「智慧」冰箱的商機，能幫助當地消費者購買、準備和儲存食物。該部門與其他部門的專家合作，具體找到商機之所在，然後設計與生產相應的產品。如果該計畫成功獲利，該部門預期其他部門的同事將尋求它的協助。每個人都積極提供協助，因為他們知道，**通往成功的唯一途徑就是分享知識和資源**。

蘋果的職能結構：

另一方面，蘋果是一家與眾不同的企業，專注於消費性電子產品，希望能不斷取得突破。蘋果方方面面改變了我們與技術互動的方式，所有這些都是為了履行公司的存在目的——為大眾的日常生活創造創新產品。蘋果不僅發明新產品，而且也不斷改進現有產品。

一九九七年賈伯斯回鍋蘋果，當時公司的面貌與今天大相徑庭。當初他離開蘋果後，繼任者將公司分為不同的業務部門，每個部門由一批專業經理管理，這些經理通常都擁有企管碩士學位，只關注自己部門的獲利能力。這種傳統的組織結構形成了一個個孤立的「穀倉」，每個穀倉各自獨立，缺乏與其他穀倉合作的動力。

賈伯斯實施激進的措施解決這個問題。他解雇了各事業單位的總經理，解散各個產品線的事業部門（business units），改以職能性部門（functional hierarchies）取而代之，在這個架構下，不同職能的部門在執行層次上會有合作與交集。現在，蘋果由設計、行銷和工程等部門組成，而不是由 iPad、iPhone、Mac 等產品線區分部門。

相較於每個產品線都有自己的設計師或工程師，這種職能結構讓蘋果能夠大規模集中相關主題的專業知識，累積深入的洞見。海爾的產品不屬於尖端技術，因此無須將專業知識集中在某一個領域。

實際上，蘋果並沒有為每個產品線設立單獨的業務部門，因為這些部門之間可能會相互競爭或殘殺，蘋果將最優秀的人才集中在一個領域，並鼓勵他們與其他單位的同事合作。通過這種方式，蘋果屢屢推出令人驚歎而又實用的創新產品。

賈伯斯恢復了一些中階主管，但是不同於傳統意義上的中階主管。在蘋果，經理不會監督專家（這只會培養精通管理的經理）。相反地，蘋果強調由專家領導專家。硬體專家管理硬體團隊，軟體專家管理軟體團隊等等。公司需要最優秀的人才加入，而這些人不會容忍被沒有專業知識的人指揮。將這些優秀的人才集中在公司內，彼此相互合作、相互學習、因應下一個重大的創新挑戰。

這種專業分工反過來需要廣泛的合作，才能將專業知識實際轉化為產品。職能結構產生了數以百計的橫向依賴關係。負責照相機工程的副總裁必須與設計照相機產品的設計師密切合作。這種壓力讓蘋果提拔既有技術專長又有合作能力的優秀人才。因此，職能結構讓跨界合作成為一項重要技能，合作也是驅動敏捷創新的引擎。

當蘋果希望在所有產品線的相機裡增加人像模式時，相機工程師（包括軟體和硬體）並沒有各自獨立作業。開發過程中出現了一些意外後果和不可預見的挑戰，涵蓋用戶體驗、韌體（firmware）、演算法和其他功能，因而得花長時間進行討論。各個團隊跨界合作，發現並解決大量問題。當蘋果終於推出新的人像模式時，如願實現了行動相機之前被認為不可能做到的一種功能。

賈伯斯用一種「穀倉」（職能部門）取代了另一種「穀倉」（產品別部門），只不過前者別無選擇，只能透過跨界合作增加蘋果產品的價值。海爾的小微企業比較自力更生，但它們面臨巨大的獲利壓力，所以仍必須廣泛合作才能獲得所需的技能與專業知識。我們從這些實例認識到：**大多數大公司的結構都存在某種形式的隔閡。重點在於，這些部門或單位需要多緊密合作，才能讓彼此獨立的穀倉不是那麼隔閡孤立。**

依賴合作型團隊：亞馬遜

另一種做法是沿用傳統的組織結構，但在這架構上建立合作型團隊，由他們來完成主要的創新工作。亞馬遜就是依賴這種做法。儘管亞馬遜在電商領域占據主導地位，但它沒有自滿於現狀，也沒有出現自掃門前雪的穀倉現象，而是能快速組織新的產品線和調整高層策略。亞馬遜成立跨職能的團隊進行創新，這種內部合作成了亞馬遜成功的必要條件。

正如第6章所述，亞馬遜一開始會將大部分開發工作交由「兩個披薩團隊」負責：亦即任何團隊的規模都不能超過兩個披薩就能餵飽的人數。維持小規模（只有六到八人）的團隊，可以根據需要快速行動。但這些團隊的規模又足夠大，既包括工程師也包括非工程師，多半來自不同的部門，彼此在技術上合作交流，截長補短，合力找到潛在的解決方案。

透過跨團隊合作，各團隊關注的不再是各自的地盤，而是客戶與消費者。而且每個團隊都可自主地制定自己具體負責的工作內容，不受正式的組織結構與程序束縛，並得到授權，可以迅速針對工作任務做出決策，因此速度上比需要中階經理簽核批准快上許多。一個解決方案領域裡，會有幾個不同的團隊，彼此緊密相關，一個團隊的成功取決於其他團隊的表現，因此快速解決問題符合每個團隊與每個人的利益。畢竟一個團隊若進度落後，其他團隊都會受到影響，整體進度也會跟著延後。

由於各團隊從一開始就知道不設限合作才能實現目標，因此他們有更強烈的合作動機，也能更有效地協調配合。由於團隊的規模小，團員更願意主動扛責，一起解決問題。團隊小的另一個好處是，收到新訊息時，能迅速做出調整。

但僅有合作是不夠的，團隊仍需要強有力的領導人。兩個披薩團隊在產品開發的領域表現出色，這得歸功於小規模以及自主性，所以能避免複雜糾纏的依賴關係，畢竟這種依賴關係往往會阻礙創新。但是對於其他專案，尤其是影響公司大部分部門的雄心勃勃計畫，亞馬遜發現這需要團隊領導人全神關注。許多團隊領導人同時負責多個專案，導致注意力分散。正如第6章所述，重大創新需要全職與全心地投入。

例如，亞馬遜想為網路賣家提供物流服務（FBA，亞馬遜物流服務）。每個人都認為這是個好主意，但直到公司讓一位副總裁放棄其他所有職責，專注於實現這個想法，這個系統才得以如願上路。這位領導人全權負責招人並建立團隊，該團隊擁有開發FBA的自主權，無需與其他團隊協調配合。[171]

除了亞馬遜，這種現象也發生在其他組織。麥肯錫的一項研究（參見第6章）顯示，相較於傳統團隊（通常以部門別為基礎），這種敏捷團隊的結構更有可能解決問題，因為這些團隊能快速測試新想法的可行性，並收集數據。因此，這些多元化、多視角的團隊可以快速進行迭代，不斷更新和改進現有的產品與服務，因為他們更廣泛地了解公司和客戶的需求。最重要的是，這些團隊表示，基於合作的性質，他們能更有效率地將資源集中在公司的優勢領域和潛在機會。當團隊之間持續地協調和溝通時，決策瓶頸和多餘的依賴關係就會變得顯而易見。

亞馬遜利用組織網絡分析（organizational network analysis），評估團隊的結構方式。自我評估後發現，團隊不僅透過合作解決各自的問題，而且還能在不同部門之間扮演橋梁角色。較小的團隊結構有助於減少會議的次數和繁瑣的簽核流程，以及解決優先事項不一致的問題。憑著這些分析結果，亞馬遜加倍推動兩個披薩的小團隊結構；此外，團隊領導人之間每週召開業務檢討會議，進一步協調各團隊的優先事項；最後發展出單線領導模式（STL），亦即一個專案只有一位主要領導人，取代早期階段的共同領導。

跨界合作的果實往往出現在意想不到的地方。我們偏愛使用熟悉的管道——例如公司內已建立關係的夥伴，或是公司內針對特定任務而成立的工作小組，所以往往會忽略提供新想法的其他來源與管道。有時取經對象並不侷限於組織本身，像是敏捷的小公司（他們具有較大公司無法企及的優勢），甚至是競爭對手（具有可和自己公司互補的特質），都可以是發現新想法的來源。

自帶電池的人

若想確保團隊之間不設限合作，光從結構著手是不夠的，仰賴可被操控的績效評估也不夠。公司還需要願意合作的優秀人才，就像蘋果的員工。合作人數如果夠多，甚至可以影響公司的思維心態和文化，讓合作成為常態，甚至成為大家期望的現象。

每個組織都有天生喜歡工作的人，但大多數公司只依靠一小部分員工對合作做出重大貢獻。一項研究顯示，合作做創造的額外價值中，三分之一的貢獻來自於五%的員工。[172]公司如何在雇用或提拔員工時，能招攬更多天生喜歡合作的人呢？職場管理平台 Lattice 的創辦人兼執行長傑克．奧特曼（Jack Altman）對此有獨到見解。奧特曼將員工分為兩類：一類是能給周圍同事帶來正能量的人，另一類是需要他人提供能量才能保持積極向上的人。其他人也有類似觀點，將人分為兩類，一類是「自帶電池」的人（能為周圍的人創造能量），一類是「不帶電池」的人（依賴他人為自己創造能量）。[173]

這是一個關鍵的區別，因為在大多數組織中，合作需要巨大的能量、積極正向的思維以及勇氣。員工有自己既定的任務和挑戰，合作是他們可以拒絕的選項。唯有自信、有雄心抱負、精力充沛的人才會努力爭取與小組或部門以外的人合作。這些人需要有內在動力、重視紀律、言行一致以及責任感，才能獲得圈外同事的信任與合作。

當然，每家公司都希望雇用「自帶電池」的人。不過對於希望加強合作的公司而言，這一點更顯得重要，而這應該是很多公司的目標，即使不是大多數公司的話。

跨組織合作

僅有結構不夠，有了精力仍然不夠：不設限合作還需要勇氣。員工不僅要主動探索新的想法，還得願意接近他們可能完全不認識的同事，尤其是組織以外的同事。

說到合作，公司習慣往內尋找合作機會。同一個組織內的員工確實比來自外面組織的員工，合作起來能更快、更有效率地完成任務。這種做法往往有更大收穫，因為創新的成果與收益都留在自己公司內。這正是微軟多年來的策略。當蘋果和三星的智慧手機締造歷史性成就時，微軟也發表自家研發的 Windows Phone，試圖與之抗衡，結果徒勞無功。此外，即使蘋果的產品愈來愈受歡迎，微軟也遲遲沒有發表適用於蘋果手機 iOS 作業系統的產品。一如對 Windows（作業系統）、Office（文書處理軟體）和 Internet Explorer（網路瀏覽器）等產品的做法，微軟希望對產品有更多的掌控權，採用「我也有」（me-too response）的經營策略，模仿其他公司在這些平台上推出的創新，成功鞏固了微軟產品在市場的地位。

但是二〇一五年新任執行長納德拉（參見第2章）上台，在他的領導下，這種做法發生了改變。在一次重要的賽富時（Salesforce）活動上，他登台做了一件不可思議的事——用 iPhone 發表新產品。納德拉進一步說道，該手機下載了 iOS 版本的微軟應用程式——包括 Word、Excel 和 PowerPoint 等核心產品，以及 OneNote 和 OneDrive 等最新產品。不久之後，微軟 Office 產品線負責人參加了蘋果發表 iPad Pro 新機的活動。

這個戲劇性的產品發表會不僅強調了微軟的根本性轉變，還凸顯它把合作視為優先要務。該公司現在要協助客戶在不同的平台上順利使用其產品，不再受平台的限制，因此它必須與之前一直保持距離的公司建立關係。微軟不再是「穀倉林立」，而是致力於做些對顧客看重的事——這往往意味必須走出舒適圈。

因此，微軟推動「積極合作夥伴」新策略，並在二〇一八年擊敗谷歌收購了開源平台 GitHub，繼而在二〇一九年建立了微軟合作夥伴網絡（現更名為微軟雲合作夥伴計畫）。這兩個行動讓微軟得以和供應商共享資源、開發解決方案、創造商機。為鼓勵供應商參與，公司向供應商提供了許多開發計畫和商業工具。這些小公司反過來提供微軟敏捷性和專業知識。因此，合作夥伴網絡讓這家軟體巨擘得以解決一些原本對它而言過於專業化（小眾化）的問題。

例如，軟體開發公司 ScienceSoft 擁有更快的搜尋功能和更好的文件共用功能，但缺乏一個強大的企業互聯網平台，向客戶示範這些技術。加入微軟的合作夥伴網絡後，該公司利用微軟

SharePoint 軟體，在微軟平台上向客戶展示了可以幫企業客製化內部網路的技術。ScienceSoft 與微軟持續保持合作關係，並幫助微軟提升 Office 365 套裝軟體的功能。

不同於海爾和蘋果，微軟並沒有徹底改變組織結構以利合作。相反地，它依靠自上而下的訊息傳遞和引人矚目的事件，諸如賽富時活動等等。但在二〇一五年左右，公司之前百分之百靠內、不與外部合作的策略明顯失敗，納德拉看重並依賴優秀一流的軟體工程師，這些工程師渴望對公司發揮積極的影響力，納德拉只須給他們鼓勵和授權。

與蘋果不同，微軟不需要最尖端的技術，但它確實需要讓自己的軟體產品與合作夥伴搭配得天衣無縫，因此有效的合作至關重要。要實現不設限合作，必須對各種機會持開放態度，甚至在一些情況下，考慮接受對競爭對手有利的機會。與蘋果這樣的競爭對手合作，可以接觸到之前未曾接觸過的客戶，而與 Sciencesoft 這樣靈活的小公司合作，可以獲得紮實的專業知識。

培養合作精神

鼓勵員工對合作保持開放心態，這並非自然而然發生的現象。在自然情況下，員工習慣與身邊的同事合作，但對於接觸其他同事卻猶豫不決，甚至鮮少考慮與組織外的人合作。

在一些公司裡，合作係從高層向下滲透，有些公司則期望合作能採自下而上的模式。如何催生合作，其實並沒有一個標準答案，但有一種方法卻會阻礙合作：內部競爭。讓員工互相競爭似乎能提高員工的動力，爭取更好的表現。但就像緊迫盯人監控一個人的產出效能，徒增反效果，同理，相互競爭會破壞員工之間的信任。一旦你將同事視為競爭對手，就別想會有真正的合作，更別說和穀倉之外的人合作了。

在納德拉成為微軟的執行長之前，公司領導層鼓勵中階經理打考績時，考績不佳的人數必須達到一定比例，不管員工表現如何。可以理解，這一政策阻礙了合作，因為每個人都必須與自己的隊友競爭。反觀在特斯拉，也許擁有最積極的合作文化，這可謂在競爭激烈的電動車產業中，企業得以茁壯成長的首要指導原則。員工根本不太關注層級與頭銜，重要的是專業技能，而不是職位。

但是合作文化並不等於共識決，亦即每個人都有平等的決定權。納德拉雖然取消了一定比例的人數必須是丙等考績，但他仍然相信，需要強有力的領導人維持團結，帶領大家朝著同一個方向前進——這是合作的必要基礎。正如他所說：

> 我從我父親擔任印度政府高階官員的經歷中學到一件事——鮮少任務能比建立一個長久不墜的機構還難。領導方式不該是在共識決或是下達命令這兩個選項中擇一。建立任何一個機構時，必須有明確的願景和文化，這種願景和文化能夠自上而下或是自下而上，雙向地激勵企業或組織前進。

在納德拉的領導之下，微軟沒有採用極端開放的結構，而是透過舉辦企業界裡最大規模的黑客松競賽活動來凸顯合作的重要性。該活動目標明確——鼓勵微軟員工跨部門、跨職能合作，透過快節奏的合作一起解決問題。

該活動獲得大成功：兩年後，這項年度活動吸引了來自四百個城市和七十五個國家的一萬八千人參加，大家就共同的想法進行合作。之後，微軟還邀請客戶組隊參加這個盛會。COVID-19大流行期間，黑客松競賽移師到線上舉行，但完全無損該活動最初的使命與目的。

黑客松活動為微軟員工搭起橋樑，讓他們能與日常業務中難以建立關係的人有機會產生交集，讓他們習慣一起攜手合作因應陌生的挑戰。黑客松逼迫團員必須合作發揮創意，並鼓勵參與者將新建立的關係網絡以及新穎的想法應用到自己負責的部門或工作裡，進而影響到微軟其他的部門。黑客松活動甚至還直接催生了一些產品，例如Seeing AI，一款專為視障用戶口述周遭環境的應用程式；Learning Tools for OneNote，一款專為有閱讀障礙（如識字困難）學生設計的外掛程式；EyeGaze，一款為癱瘓用戶設計的應用程式，透過眼球轉動操控電腦。[174]

合作型領導人

納德拉透過自上而下傳遞訊息的方式，鼓勵員工合作。此外，他建立了一支合作型領導團隊。跨界合作在組織的領導層以及在組織的主體（基層）一樣重要。如果組織上下沒有一致的方向或彼此互不協調，基層的合作就沒有太大意義。因此領導團隊尤其需要體現本章所鼓吹的跨界合作精神。企業需要確保高階領導人非常積極地合力尋找解決方案，通常是以這個標準——自帶電池與否，做為遴選最高團隊人選的依據。

納德拉很早就發現，他接手的高層團隊每個人都在各自的地盤（穀倉）表現優異，但是一起開會時，大家專找對方想法的漏洞。儘管每個人才華橫溢，但缺少合作的態度。納德拉說：

詩人約翰．多恩（John Donne）寫道：「沒有人是一座孤島。」不過他若參加了我們的會議，可能會有不同的感受。在座每個領導人實質上都是自成一個獨立事業的執行長。每個人都在自己的穀倉裡生活與經營事業，而且大多數人長期來已經習慣這樣的模式。但是這樣的投資組合因為領域過於分散，看不到重心。

這個重心對於點燃合作的火種至關重要，因為團隊需要某種組織架構，以利合作有條不紊。考慮到這一點，納德拉另外組建了一個高階團隊。他聘請了一位事業發展主管，負責達成交易，包括收購令人興奮的新產品和服務，或是和其他公司建立夥伴關係。他還找了一位新的人資長，支援即將展開的外部合作以及隨之而來的文化轉型工程。高階團隊成員還包括策略長、行銷長，以及微軟成長最快速的業務——雲運算部門的新負責人。

透過這些新聘的領導人，立刻為微軟清楚確立新的策略方向，但這些領導人也都具備保持合作的心態，所以能有效地互補專業技術上的不足，並就重大決策達成高質量的共識。為了讓微軟實施大膽的策略措施，這些高管必須對合作持完全開放的態度，然後將這種合作精神貫徹到整個公司。

在實務中，這不僅意味有辯論和歧見，還意味一起集思廣益與催生創意，然後達成高水準的共識。高管需要合作的精神，這種合作既要符合他們個人的動機，也必須能與公司的優先要務和執行力保持一致。正如納德拉所言：「當領導層的策略相差一英寸時，產品團隊最終在執行時會出現數英里之遙的差距。」

唯有高層領導願意有效率地合作，才能積極應對彼此的問題，並合力找出解決辦法。高層領導團隊利用各自的專業技能，克服棘手的問題，並帶頭示範，成為跨界合作的典範。財務長必須讓公司保持智力上的誠實（intellectually honest），以及公司得為自己的行為負責；策略長要以嚴謹的態度制定公司的計畫；人資長代表著員工。此外，產品領導人要確保產品在各方面都保持著一致。

納德拉領導一個全新的微軟，公司不再是各自為政的「封建部落聯盟」（穀倉林立）。由於產業現狀不受組織界限的限制，所以納德拉鼓勵同事必須走出孤立的穀倉。公司的目標是客戶至上，為客戶提供他們看重的產品與服務，而這往往意味要跳出舒適區。納德拉甚至鼓吹開放原始碼式的思維（open-source mentality）：

一個團隊負責開發程式碼和知識產權，但成果會對公司內部與對外開放，供其他團體檢視和改進。我告訴同事，他們擁有的不是程式碼，而是客戶使用產品的各種可能情況。我們的程式碼可能是為小企業的客戶量身定制，也可能是為公共部門的客戶量身定制。正是我們的合作能力才讓我們的夢想受到信任，最終得以實現。我們必須學會以他人的想法為基礎，跨越界限進行合作，將微軟最好的東西呈現給客戶，而這個微軟是團結一體的微軟（one Microsoft），並非散沙一盤的微軟。

跨界合作的侷限性

既然開放與合作有諸多好處，為什麼還要有層級結構呢？多位企業專家呼籲完全取消管理，實施極端版的合作模式。自主管理的團隊配合特定的專案或倡議而成立，只要完成目標後便解散。組織中任何一個人只要願意將他們的思考過程公開、讓他人檢視和批評，就可以自行決定行動的方向。

公司經常舉辦內部徵才博覽會，公開新上路或預期上路的專案，同事可以自由選擇加入。為了落實扛責制，每個人都是一家虛擬公司，擁有透明的資產負債表和損益表，工資來自於價值流（value stream）過程中所做的承諾和貢獻，以及由此產生的盈餘。[175]

雖然有些公司已朝這個方向邁進，例如謝家華創辦的Zappos公司，但還沒有一家公司達到這一個理想狀態。原因不難理解——極端版的合作仰賴具有高度獨立思考的人，但這種人很可能偏好自由接案，較不愛受雇於大型組織。此外，沒有層級結構，難以協調與管理大量資本投資，這點無法讓投資人滿意。不過我們也可以理解，大家對極端版合作愈來愈感興趣，顯示大家對傳統層級結構以及合作受限感到不滿。

Myspace 的穀倉現象

我們須記住，大多數公司（甚至是非常成功的公司），有抵制深層合作的傾向，這不利公司的長期發展。若公司缺乏密切合作的急迫感，即使擁有強大的市場主導地位，也不足以保證成功不墜。

直到二〇〇六年，社群媒體平台Myspace仍是網際網路上流量最大的網站，超過了谷歌和雅虎，並持續開發新用戶，但其實已出現走下坡的警訊。相較於臉書等即將崛起的競爭對手，Myspace的技術功能相形見絀。雖然它建立了一個社群，讓網友在平台分享娛樂和音樂等共同的興趣，但它缺乏能媲美同業的社群功能，如新聞推送（news feeds）和狀態更新等等。

這些新功能之所以未能出現，是因為公司的結構不適合深入合作。公司職能別部門就像一個個聳立的「穀倉」，導致以客戶為重的小組和負責開發功能的技術小組一分為二，無法緊密合作。由於沒有小規模團隊或其他強制合作的政策，這些「穀倉」之間的溝通和合作微乎其微。因此了解用戶體驗的團隊與負責滿足這些用戶需求的團隊幾乎沒有交集，但高層似乎並不擔心，因為他們相信 Myspace 擁有網絡效應的競爭優勢——如果你在社群媒體是個有影響力的要角，就必須是 Myspace 的用戶。

結果工程團隊將時間和精力用於開發用戶並不在乎的功能上，導致線上體驗和整個公司陷入停滯。事實證明，對於一家需要根據用戶需求不斷精進的公司，穀倉現象（造成孤立隔閡的層級結構）是致命缺陷。相形之下，臉書則渴望成功、充滿衝勁，透過跨職能合作不斷調整和增加新功能。臉書以創新的追隨者自居，有助於管理層抵制自滿的情緒和內鬥，而雄心勃勃又鼓吹跨界合作的創辦人努力實現他的願景。

Myspace 的成功取決於用戶體驗，因此公司的層級結構應該鼓勵合作，但卻不是如此。你若對公司的策略和表現結果加以評估後，很快能發現是否存在急需解決的合作問題，以及公司的穀倉現象是否拖慢了合作的步伐。

WeWork 不受監督的領導人

公司若缺乏合作型的領導層，往往會面臨重大困難。例如，共享辦公室 WeWork 的創辦人兼執行長亞當・紐曼（Adam Neumann）的特質包括富群眾魅力、目標明確以及專注的領導風格。

該公司當年按計畫準備首次公開上市，估值突破四百億美元。WeWork打破了美國職場裡每個人工作區互相隔閡猶如孤島的現象，一成立便在美國引起轟動。紐曼極力宣揚非正式工作空間的潛力，聲稱有利促進合作。

然而諾曼卻將高階團隊與公司其他部門加以隔閡。合作不僅能解決問題，還能促進透明度和溝通，幫助公司更快發現問題之所在。如果企業缺乏合作型高階管理團隊，就會失去扛責制這一個重要的前進引擎。孤立的領導層結構會罔顧公司利益，行為也不受束縛，導致公司面臨風險。

這就是WeWork的實際情況，紐曼領導的WeWork幾乎不受監督。他可以隨意採取自肥的做法，導致公司在首次公開發行股票時慘遭滑鐵盧。他不當的行徑包括向WeWork出租他個人名下的建物，並以個人所持的WeWork股份向銀行貸款。如果他成立了一個合作型高階團隊，這些高管就可發揮監督角色，間接扛起對公司的責任。

即使有了合作型高階管理團隊，具遠見、敢於挑戰傳統或主流觀念的領導人仍有可施展的空間，前提是大家有共識。合作路線鼓勵同事對策略進行剖析和交叉分析，這有助於防止不負責任的商業行為擴大蔓延。真正合作型的組織標榜作業與營運一律透明，所以被領導人帶偏航道的可能性微乎其微。

在實踐中促進合作

再說得具體些。雖然執行長可以透過結構、改變策略、招聘高階主管等方式鼓勵合作，但也可以直接和員工（不管職位高低）互動，協助他們走出舒適圈，和舒適區以外的人接觸交流。領導人已發現很多方法可做到這一點，超微執行長蘇姿丰（參見第4章和第7章）就是其中表現優異的一位。

蘇姿丰維持開大門的政策，公司任何層級的員工都可以留言給她、提出評語和意見回饋。這只是第一步，然後她會努力徵求員工的回饋意見，如果不主動徵詢，這些員工可能會拒絕對老闆提出意見和想法。

蘇姿丰在IBM工作時就開始這樣做了，當時她管理著一個十人團隊。當她的老闆問她是否與團隊成員談過話時，她感到非常驚訝，因為她一心一意只想著如何完成手上的專案。被老闆一問，她才意識到，與旗下團隊成員交談對於了解他們的工作動力至關重要，只有了解部屬之後，才能有效地激勵他們投入工作。

在超微，較低層級的員工，甚至完全不屬於公司的員工，都可對哪些做法可行、哪些做法不可行提出自己的見解。蘇姿丰不希望資歷或級別阻礙合作。她非常看重員工對公司的意見回饋，因此超微採取了不設限合作的模式，讓合作盡可能地簡單易行。

Bumble的創辦人兼執行長赫德（Whitney Wolfe Herd）（參見第4章和第8章）則採取進一

步的做法。她建立雙領導機制，由高階管理層身兼多個領域的負責人，希望能阻止公司內部彼此競爭，稱：「誰說只有一個人能領導一個業務部門或定義團隊成功的模樣？我們努力讓關鍵事業部門的高層建立夥伴關係，讓創造性腦袋與策略性腦袋彼此互補，或者讓一個作業員與一個遠見領導人並坐——大家不會為了成為『某某部門的副總裁』而相互競爭。」

公司必須全心全意推動跨層級、跨部門、跨組織的跨界合作模式。落實跨界合作非常困難，企業必須將其視為第二生命，全心全意推動，員工才會認真地攜手合作。沒有一種一體適用的方式能讓每家公司都做到這一點，但以下幾個原則值得參考：

一、**對所有合作機會採開放態度**，這可能促成像亞馬遜「兩個披薩團隊」這樣的大膽做法。這些團隊規模小，專注於處理個別問題，並透過團隊之間的合作確保最後成品有連貫性。反觀大型團隊，則會被內部爭權奪利內耗甚至吞噬，為了爭奪資源而明爭暗鬥，無法在發現機遇時靈活調整方向。

二、**記住與組織以外的實體合作所帶來的一系列好處**。小公司往往擁有大公司無法複製的深厚專業領域知識，卻能有效率地與大公司的資源互補。微軟與小公司形成合作夥伴關係就體現了這一點。

三、**務必根據策略目標調整合作模式**。海爾根據創客與小微主團隊負責的產品市場進行分權；蘋果依賴專家主導的職能別架構。這兩種管理模式都要求跨界合作，但因為合作方式截然不同，因此結構也不同。

四、**不僅要著墨有利合作的結構，還要鼓勵合作精神**。例如特斯拉制定正式政策，微軟舉辦全球性的黑客松活動。這兩種做法成功地讓員工放心擺脫層級制度的束縛，跨界合作解決問題。別忘了，大多數員工更希望與自己熟悉的人一起工作。即便是勇敢的人，也覺得合作不是一種自然行為，因此公司需要從文化上甚至是結構上使力。

最後，跨界合作取決於組織的思維與心態。公司政策和策略必須植根於這種思維模式，才能全面實現永續創新。每家公司都在鼓吹合作，但跨界合作是一種生活方式。

因此，一般性合作與跨界合作之間有著顯著區別。歸根究柢，擁抱各種形式的合作，並以合作為中心，建構公司的組織架構，這點極為重要。那些不僅將合作視為必要，更將合作視為一種生活方式的公司，才真正落實了跨界合作。如果能堅持這種心態，將能取得令人矚目的成就。

第10章

歸納與總結

閱讀本書的過程中，我希望你能看到推動永續創新的八大引擎以及它們之間環環相扣的關係。組織或企業進行轉型，目的是保持長期成功不墜，轉型工程多少都需要這八大引擎助攻。最重要的是，你需要堅定的承諾：轉型不是一兩天的事情，也不是企業的一個倡議，而是持續、自我不斷地精進與提升。

已經失去動力的公司仍然可以完成重大轉型工程，但要實現這一目標，需要強有力的領導和全體齊心的努力，唯有領導層的某人做得到。如果這人是執行長，本書絕對有幫助，但如果你是經理（或以上）級別，你仍然可以將本書的概念應用到旗下的團隊或部門。

官僚主義是主要障礙，即使在中型組織中也是如此。大多數大規模轉型以失敗收場，未能提高獲利或成長率，同時還浪費了數十億美元的時間和諮詢費。有時，新領導人上任是調整組織方向的最佳時機，儘管這並非必要條件。

我們已經看到蘋果、微軟、亞馬遜、特斯拉等公司如何善用這些引擎實現永續創新。以下是星巴克在其創辦人和長期領導人霍華德・舒茲（Howard Schultz）領導下的個案研究。星巴克是絕佳的例子，因為它主要是透過實體店面提供服務，而不像許多永續創新企業提供高度數位化的服務。在充滿變化的環境下，星巴克進行了兩次轉型，現在可能正在進行第三次轉型。納德拉和舒茲領導的企業轉型工程告訴我們，當企業偏離永續創新的軌道時，有時需要程度不一的轉型，重回正軌。

星巴克的存在意義

一九八三年，舒茲負責監督星巴克的營運，當時星巴克只是西雅圖一家販賣咖啡豆的小型連鎖店。他去了義大利米蘭旅行，在那裡突然靈機一動。看到米蘭充滿活力的咖啡館，他受到啟發，決定替顧客在職場和家庭之間開闢「第三空間」，於是他離開星巴克，募到足夠資金後開了一家咖啡店，提供義式濃縮咖啡和其他歐洲特色咖啡。第三空間的想法奏效，沒多久他就收購了星巴克連鎖店，希望實現他的願景：在熱絡互動的聚會場所提供優質咖啡。成功改造星巴克之後，他將這個理念推向全國，然後又推向全世界。

後來他回顧自己開店的動機，憶起一九七〇年年僅七歲時，和家人住在布魯克林區的社會住宅，父親不慎在冰上滑倒，被迫失業幾個月。家裡沒有醫療保險，也無法請領工傷賠償。舒茲形容他的父親「被現實世界壓垮」。[176]

這種絕望感激勵舒茲努力工作，以免陷入同樣的慘況，同時願意為員工提供優渥的福利，這也是星巴克一開始就秉承的核心理念。舒茲勇敢地立下讓世界變得更好的目標，希望大家因為美好的飲料體驗而相聚在一起。一些創辦人受到小時候某個事件的啟發，對事業有強烈的使命感，抵制利潤至上的誘惑；更願意對顧客的生活發揮影響力。舒茲靠著這種存在意義，以傳教士而非唯利是圖商人的身份創業。他希望擴大經營，成立連鎖店，即使這會在短期內損害公司的利益，但對他而言，這是自然而然的目標。

星巴克在一九九〇年公布它的第一份企業使命，「將星巴克打造成全球最佳咖啡的首選供應商，同時在發展過程中堅持我們不容妥協的原則。」[177]。舒茲在二〇〇〇年卸任執行長，並於二〇〇八年重返星巴克掌舵，仍繼續堅持這一個承諾。在二〇一八年第三次離開公司時，舒茲在寫給員工的一封信裡提及這些原則，表示他力求在「獲利和社會良知」之間取得平衡。但是一直到今天，「社會良知」仍是許多執行長鮮少掛在嘴上的價值。

星巴克在移民、同性婚姻、槍支管制和種族主義等問題上的立場，肯定會導致顧客流失，拒不上門。[178]

最大的考驗出現在二〇〇八年金融危機的高峰期，當時星巴克股價重挫，整個經濟陷入螺旋式下降的危機。公司快速擴張成為了致命弱點。公司新增分店的速度、缺乏明確的組織價值與定位，導致官僚主義滋生，這一點與微軟類似。隨著時間一久，官僚主義導致與顧客的需求漸行漸遠，公司的核心價值也逐漸式微。

根據這一時期的員工描述，管理層將公司營運走下坡歸咎於乳製品價格和物流因素，導致管理層不得不在經濟盪到谷底時提高價格。這種以解決問題為導向的做法導致星巴克的重心偏離了重視體驗和商業倫理的價值。星巴克逐漸喪失自己的特色：提供顧客完全不同的店內體驗，開始與麥當勞和 Dunkin' Donuts 甜甜圈等連鎖店競爭（而且輸給了它們）。

重新獲得競爭力的關鍵在於舒茲所說的「保存（星巴克的）靈魂」。董事會邀他回鍋星巴克擔任執行長，他努力讓公司重回正軌，實現他的願景。他的做法包括在紐奧爾良召開三天的會議，聚集一萬名星巴克各店的經理。這次會議耗資三千萬美元，遭到星巴克董事會反對，畢竟公司的資金緊張，但舒茲堅持非這麼做不可。[179]

與會者除了參加工作會議，也幫助受卡崔娜颶風重創的社區進行重建工程，並參加了強化星巴克價值觀和新願景的活動：「啟發並孕育人本精神，每人、每杯、每個社區皆能體現。」[180]舒茲宣布了一項合作計畫，將節、假日的營業所得用於非洲的愛滋病防治計畫。

星巴克重新調整優先要務的順序，更關注道德採購和環境影響、建立技術合作夥伴關係、打造推動成長的新平台等等。然而，仔細觀察之後發現，這些轉型工程仍然將星巴克的一些核心價值置於中心位置——成為「咖啡權威」以及「社區生活的核心」。

舒茲認為，在動盪時期保持公司的價值觀是策略成功的關鍵。星巴克的存在意義讓每個人（從高層領導到基層員工）都能接受新的願景，為員工提供了一種延續性，也讓星巴克有了收穫：許多大企業還在金融危機的餘威中苦苦掙扎時，星巴克的營收和淨利成長卻連年創下新高。[181]

對顧客體驗著魔

儘管舒茲非常關注咖啡的品質，但他最看重的還是如何滿足顧客的需求。二〇〇九年，亦即他將星巴克打造為提供精緻飲品的「第三空間」二十年後，繼續對顧客的需求保持開放的心態。其他大公司可能會研究消費者的偏好，確認他們對門市各種元素的反應——但這個過程很容易被高階主管的預設議程所操控著，但舒茲用了簡單的方式——直接面對顧客，因此在西雅圖市中心開了兩家沒有品牌標示的咖啡店。

這並不是說星巴克不重視傳統的顧客數據。其實星巴克擁有一支數據科學家團隊，由一名高階副總裁領導，負責收集與分析三萬家門市、每週一億筆交易的訊息。其中大部分數據來自星巴克的行動應用程式，該程式可追蹤與瀏覽顧客的購買習慣。這些數據有助於星巴克決定促銷哪款商品。[182]

比馬龍效應

召開紐奧爾良大會之前，舒茲已經更換了公司的許多高管。但他知道，僅憑他和幾位同事的力量無法改變公司，因此他特意和與會的經理進行深談，讓他們直接聆聽他的講話，向他學習，並從中受到啟發。他還讓他們參加強化公司價值觀的活動。

希望對員工產生積極影響，猶如複製比馬龍效應，激勵每個人重拾公司服務顧客和社區的價值觀。因此，紐奧爾良會議強調新的願景：「啟發並孕育人本精神，每人、每杯、每個社區皆能體現。」[183] 舒茲的轉型議程包括七個原則：[184]

一、成為公認的咖啡權威。
二、吸引和激勵合作夥伴（員工）。
三、建立顧客與品牌的情感連結。
四、在全球擴點時，讓每家門市成為所在社區的核心。
五、成為道德採購和環境影響的尖兵。
六、創建與星巴克咖啡理念一致的創新成長平台。
七、實現可持續的經濟模式。

在這些原則中，許多（即使不是大部分）與公司目前的做法不一致，然而保留了星巴克的核心價值。[185]

重拾創業心態

舒茲不是星巴克的創辦人，但他改變了星巴克的面貌。他以創客的心態看待星巴克，這截然不同於原始創辦人設定的小目標，也不同於精打細算、重視盈虧的專業經理人。他對「小公司」沒有耐心，渴望成為一個巨擘。他堅持不懈地實現使命與目標，不斷地優化改良產品，不厭其煩嘗試各種小改版，直到團隊找到既能吸引顧客又符合他願景的組合。

儘管如此，卑微的身世讓他專注於實現願景，而非個人的成就。他沒有在總部為自己建立一個帝國，而是定期到處旅行視察，繼續發展星巴克文化。

二〇〇八年，當他重返公司擔任執行長時，他清楚展現打造與眾不同服務的決心。公司之前在欠缺強烈使命感的情況下大肆擴張，早已忘了創業的初衷。

是時候重拾創業時的心態並進行轉型，因此他執意在紐奧爾良召開為期三天的大會。[186]哈佛商學院教授南希・科恩（Nancy Koehn）解釋了舒茲決心舉辦這次會議的原因：「舒茲深知，挽救或瓦解企業的關鍵不在於現金。在如此動盪的環境，大家很容易在現金和物流這些低垂的果實上（相對容易的手段）動腦筋。但是若不與員工對話、不重視員工、不喚起員工的士氣，根本無法挽救企業，扭轉劣勢。」他必須重振已變成臃腫蹣跚巨人的企業。

控制節奏

舒茲還知道如何控制節奏，何時該耐心等待，何時該迅速行動。二〇〇七年初，舒茲只是兼職擔任公司的策略長，但他發現公司需要「回春」，重振活力。領導層考慮推出星巴克即溶咖啡，但研發部門的領導人估計至少需要三十二個月才能開發出完美的配方。[187]

舒茲在《勇往直前：我如何拯救星巴克》（*Onward*）一書中透露，他對研發要花這麼長的時間，深表不滿。他知道，如果要花幾年時間推出即溶咖啡，星巴克可能會失去大量的市占率。他比任何人都明白，保持節奏是關鍵。

回應研發負責人湯姆・瓊斯（Tom Jones）時，舒茲忍不住動怒，質問：「為什麼要花這麼長時間？如果蘋果能在一年內開發出 iPod，我們也能做到！」這個惡名遠播的「iPod 會議」震撼了整個即溶咖啡研發團隊。在三十二個月的時間裡，他們不僅開發出達到星巴克級即溶咖啡的優質配方，而且成功上市，在全美的門市販售。

就像一群耐心等待捕獵的獅子，星巴克沒有立即對即溶咖啡投入巨資。但是當領導層發現了市場需求以及從中獲利的可能性時，他們立刻撲了上去。一個組織的節奏必須從高層開始，持續往下擴散。

但舒茲也可以放慢腳步，及時撤資止損。成功的公司需要將資源自表現不佳的產品撤出，或者完全停產。當舒茲努力重振店內的文化時，他知道公司不能浪費時間維持營運不佳的門市，於是他關閉了數百家門市，其中大部分在美國。

同時，他投資改造剩餘的七千家門市，包括將所有義式咖啡機更換為馬斯特瑞納（Mastrena）咖啡機，這是瑞士製的精密設備，可快速沖煮出高品質的咖啡。然後他下令美國所有門市（多達數千家）在同一天停止營業三小時，儘管這會讓公司少進帳六百萬美元。他認為公司的義式濃縮咖啡在品質上出了問題，而這正是星巴克品牌和存在使命的核心所在。在這三小時裡，咖啡師觀看舒茲親自操作的影片，他在影片中示範如何精進沖泡技巧，才能完成一杯濃郁、飽滿但不苦澀的濃縮咖啡。三個小時後，門市重新恢復營業，員工重回到工作崗位上。

此舉成為全國性奇談，舒茲指出，「有人報導星巴克歇業三小時的新聞時，一副驚奇又訝異的反應，猶如看到夏天下雪一樣。」此舉對品牌的另一個核心特色——可靠性和便利性構成了挑戰。顧客知道，他們隨時可去附近的星巴克，點杯自己喜歡的飲品，然後返回工作，繼續完成該做的事，前後不過短短幾分鐘。但是歇業三小時造成的不便，以及引起的反彈遠超出舒茲的預料，但他並不後悔，因為他認為品質才是公司的核心價值。

面對媒體的關注，舒茲反問：「投資自己的員工怎麼會有錯呢？」他很快得到平反。義式濃縮咖啡的營業額上升，咖啡師分享顧客的正面評價。放慢速度（暫時的）有了回報。

舒茲也謹慎地進軍類似金融服務的領域。在二〇〇八年，星巴克推出了一項忠誠度計畫，獎勵經常在店內消費的常客，並將這計畫與實體禮品卡結合。顧客可以對禮品卡充值，將其用於店內消費，隨著點數累積，還能獲得免費的續杯和其他優惠。二〇一〇年，星巴克推出手機應用程式，顧客結帳時不必再出示實體卡，連帶提升手機應用程式的使用率。四年後，公司又增加了手機訂購飲品和外帶飲品的功能，沒多久，就有多達四分之一的消費完全透過手機完成。

這些步驟循序漸進，確保這個可能會出現技術性故障的產品能夠順利推出，也讓顧客做好準備，習慣新的模式。在二〇二一年左右，星巴克活躍的獎勵會員突破兩千五百萬人，會員卡儲值金額達十六億美元。在專注於打造「第三空間」願景的同時，星巴克已成為「金融科技」的最大參與者之一。[188]

雙模式的實際應用

舒茲預期店內的文化將循序進行轉型，並在總部不遺餘力地宣傳與力挺下，舉辦了一些重大活動。儘管他大力推動即溶咖啡產品線，但他也願意在寬鬆的時間框架內探索新的想法。對於其他不確定性較大的專案，他也能耐心以對，因此他對公司不同部門用不同的速度前進，感到自在並且安心。

在二〇一七年成為公司董事長後，他的繼任者凱文・強森（Kevin Johnson）在他打下的基礎上建立了「創新中心」（Tryer Center*），這是一個讓星巴克保持創新活力的實驗室。該實驗室不斷嘗試新的想法，很多創意順利被應用到店裡。一旦創意成形後，工作人員快速做出原型進行測試——目標是在一百天內讓創意成功落地，被門市採用。實驗室成立六個月後，共測試了一百三十三個創意，其中四十個成功進入門市。此外，約一千五百名來自各部門的員工輪流進入創新中心，短期地切磋交流。[189]

舒茲對星巴克的存在意義有著強烈的使命感，因此他敢大膽嘗試。如前所述，最知名的一次行動是在他二度擔任執行長之初，即二〇〇八年二月二十六日，他讓七千一百家門市全部歇業三小時。儘管他知道這會讓公司損失數百萬美元，但為了堅持願景，他覺得值得。為了這個活動，舒茲拍了簡單的影片，示範如何正確地沖泡咖啡，這對公司維護咖啡品質的口碑至關重要。對舒茲而言，品質絕不容妥協。

儘管關門之舉被新聞媒體抨擊也引起一些顧客的反彈，但僅過了幾天焦慮的日子，舒茲就被證明是對的。義式濃縮咖啡銷量上升，咖啡師也分享了很多成功抓住顧客的故事。暫時縮減規模改進弱點需要勇氣與信仰，堅信退後一步能讓公司進步。如果信念足夠堅定，就不怕迴避這種不尋常的行動。

此外，舒茲也不怕冒險，無論是新店選址、設計還是研發新產品。其他公司會先進行嚴格的市調，確定顧客對店內氛圍或門市地點的反應與偏好，但星巴克不同，它不怕直接開一家新店，然後再學習改進缺失。

在二〇〇九年夏天，舒茲在西雅圖市中心開設了兩家無牌分店，刻意「甩掉品牌光環低調做

* 編按：直譯為「取樣棒中心」，取樣棒為咖啡師從咖啡豆中取得樣本的工具，用來觀察咖啡豆風味、烘培狀態。

生意」，讓這兩家分店猶如一張白紙，觀察顧客對設計改變後有何反應，以免他們對星巴克品牌先入為主的觀念影響了真正的看法。他說：「我們不想隱藏什麼，只想探索和學習。實際上，在早期進行轉型時的動腦會議上，就有人提出嘗試其他的零售概念，進一步鞏固我們咖啡權威的地位。」[190]

這些無牌門市測試了哪些產品和設計？只要是全新的東西。對於像星巴克這樣的老牌公司而言，很容易陷入被自己內規約束的陷阱，例如覺得需要與先前成功的產品保持一致性，這種一致性最終會約束你的發展。舒茲表示，在這些祕密推出的產品中，「『打破規則』是我唯一的指令。」[191]

舒茲無法預料消費者、競爭對手和媒體對星巴克迅速開店和關店的反應，但他每做一個決定，確信都會讓星巴克離更好的產品更接近一步。對於一家以勇氣為指導原則的公司來說，有這種確定感就夠了。

二〇二二年他拒絕迎合顧客對工會的偏見；二〇〇八年堅持品質至上；這些在在顯示舒茲沒有企業遇事常見的膽怯或迎合等反應。事實上，一些企業可能從三小時關門停業的風波中汲取教訓——得謹慎行動。對於一個成功、與消費者直接互動的大型企業而言，謹慎行事是自然而然的傾向，因為公司擴大到全球性的規模時，風險更大。但舒茲卻得出相反的結論：大膽行動是值得做的事。

無論是規模還是媒體關注度，都不應該動搖企業的決策，不該對提升品質、顧客體驗和銷售額的決定裹足不前。暫時縮減規模以利集中注意力解決缺失與弱項，這在邏輯上是站得住腳的。沒錯，這樣做需要勇氣，但只要堅信縮減或調整規模能提升公司營運，就不該無端地迴避。

舒茲在書中點出在動盪時期脫穎而出的必要條件：

> 在我們的生活中，有時我們會鼓起勇氣做出選擇，這些選擇違背理性、常理和我們信任的人給出的明智建議。但是我們仍然勇往直前，因為儘管存在風險，儘管各種理性的說法勸退我們，我們仍相信自己選擇的道路是正確且最好的。我們拒絕做旁觀者，即使我們不清楚我們的行動會導致什麼結果。

二〇〇八年舒茲掌舵公司時，他並不清楚公司面臨的所有問題。公司需要大刀闊斧改革，但他不知道改革該採取什麼形式。他必須學習很多東西。他沒有聘請顧問，而是直接與員工交談。除了走訪世界各地的門市，他鼓勵員工直接發郵件給他，結果他收到了五千封電郵，內容包括擔憂、創意和觀點。他還直接打電話給門市經理，了解門市的營運，確定哪些做法有效，哪些無效。[192]

與員工的交流對於舒茲極為重要，可協助他正確評估星巴克真正的需求。如果不了解門市當前的營運方式，不從實際監督營運的經理那裡瞭解現況，他就無法找出該從何處進行改革，繼而制定轉型計畫。真正傾聽這些同事的意見後，這些人才更可能服從與落實總部的計畫。

很多時候，員工才是執行長推動轉型的最佳幫手，而不是其他高階主管。員工站在第一線，能夠實際了解公司目前的需求。

二〇〇八年，大多數員工都加入支持轉型的陣營。二〇二二年，舒茲第三次擔任執行長，情況則大不相同。舒茲在二〇一六年轉任董事長，然後在二〇一八年完全離開星巴克。在新冠疫情期間，成長放緩時，董事會又請他回巢暫代執行長。在將韁繩正式移交給下一任領導人之前，舒茲再次將這家零售巨擘轉型為「以存在使命為導向、不斷創新」的公司。

然而，成千上萬的咖啡師和其他一線員工已有了不同的看法。他們被當時社會更大的弊病擊倒，尤其是無家可歸的遊民增多，行為脫序的顧客也不少，讓他們感到沮喪無力，不太願意接受公司標榜的偉大願景——「第三空間」。

在二〇一二年，舒茲寫道：「我深信，在我的領導下，員工會發現我願意傾聽他們的擔憂。如果他們對我和我的動機有信心，他們就不需要工會。」但是，愈來愈多員工從交易關係看待這家咖啡巨擘。他們要求獲得更高的薪酬和福利，已有數百家門市獲得工會認證，但公司仍拒絕與工會談判。[193]

舒茲暫代執行長僅一年，然後在二〇二三年初將掌舵權移交給拉克斯曼・納拉辛漢（Laxman Narasimhan），移交時尚未解決與工會的僵持，因此難以預測如何繼續推動合作。但他前兩次的回歸都成功轉型公司，這就足以說明一切。

綜合來看

星巴克並不像之前出現的一些公司那樣引人矚目，尤其不像蘋果、特斯拉這樣改變大局的要角。但它在許多方面與大多數大公司非常相似，特別是若沒有舒茲領軍的話。對於他第三次轉型嘗試，現在評估成敗為時尚早。持平而論，在這段轉型期，他只是暫代執行長，直到董事會找到正式人選接替突然辭職的前任執行長後，就會交棒。

他數次回歸擔任執行長顯示，催生比馬龍效應（貫徹星巴克的存在意義與使命）確實會遇到一些挑戰。光是他以及轄下高層團隊支持公司的獨特願景並不夠，必須讓這個願景深入每個員工的心裡。因此公司在成長期，以及努力讓產品順利成為大家日常生活一部分的過程中，願景深入人心才有助於克服通常會出現的阻力與壓力，不過這對每一家成長超出預期、成績斐然的公司而言，都是一大挑戰。儘管如此，如果能有效貫徹前幾章描述的八個關鍵特質，並持之以恆，那麼企業就不太可能需要進行重大轉型。

通往創新的五大基石之路

本章接下來將鋪陳一條通往創新之路，靠著五大基石來落實書中所提的八大致勝心態。如果說這八個致勝心態猶如一個永續創新型組織的作業系統，那麼接下來這些步驟將幫助你落實這些

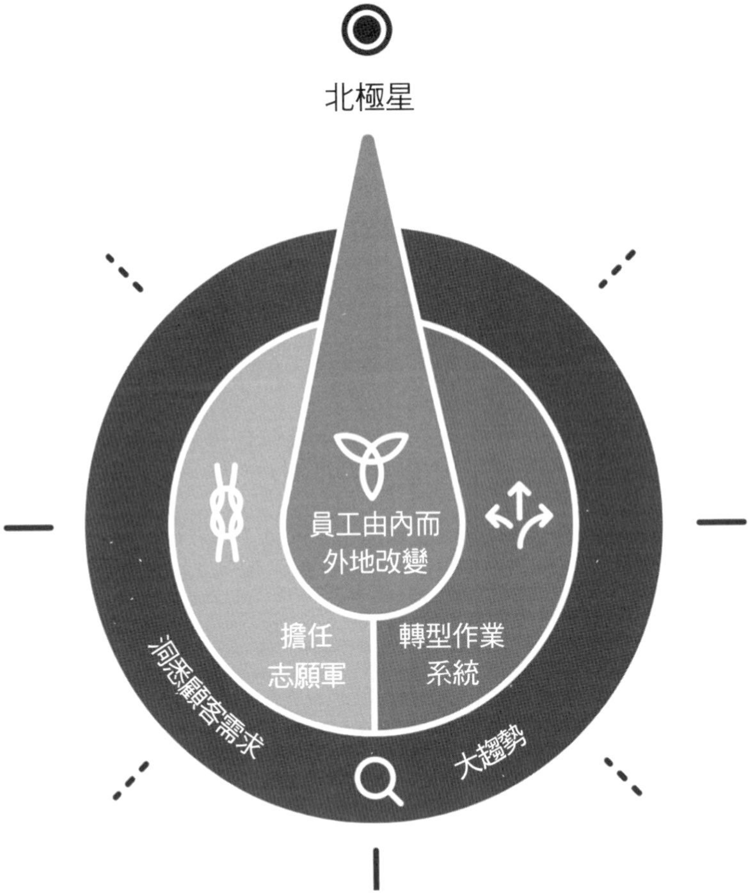
北極星
員工由內而
外地改變
擔任
志願軍
轉型作業
系統
洞悉顧客需求
大趨勢

特質，讓你順利將組織轉型為永續創新的組織。[194]

一、**設定北極星**：清晰又激勵人心的轉型願景和策略目標。

二、**洞悉顧客的需求和大趨勢**：把對顧客的深入觀察融入到每次的變革以及每位員工的心裡，顧客包括今天的顧客以及未來想開發的顧客，同時深入了解影響顧客的重大趨勢。

三、**員工由內而外地改變**：為員工提供因人而異的轉型工具，讓他們的願望能與公司的「北極星」以及顧客的需求互相結合。

四、**轉型作業系統**：這是扁平、靈活度高、跨職能別的組織結構，能支持可持續的改革。這種結構激勵了存在性承諾以及對客戶著魔等諸多關鍵特質，但需要領導層和志願軍的協助和擴展。

五、**擔任志願軍**：一種機制，旨在號召組織內眾多有影響力的人士與意見領袖，以利推動改革與轉型。

沿路須注意以下幾個關鍵原則：

轉型失敗是因為未能改變我們的人。改革若成功，將幫助公司實現財務和策略目標，並改善員工的職場體驗與生活。我們往往過於低估轉型時人為因素。

轉型必須從內部開始。轉型工程往往由大批外聘的顧問團負責，其實最好由內部優秀人才推動——企業領導人指揮，高層主管、經理和員工負責執行。如果由外部人員負責，各級員工難以對轉型工程生出「我來扛」的態度，導致士氣低落，猶豫不決是否該適應與接受改變後的新作業流程，甚至直接破壞改革工作。最好將轉型工程交到員工手中，授權他們尋找並落實所需的改變，讓轉型策略能成功落地。

動力很重要。你的員工——從高管、部門主管、到中階經理再到一線員工——都希望自己的工作與角色有意義。他們希望有所作為。他們希望組織能成功。他們想要為自己的職涯和個人發展做出正確的選擇。成功的轉型將這種由內而外的方法連結到以顧客為中心、掌握最新趨勢等做法，提供你由外而內的視角。

持續不墜的佳績和利益。如果轉型做得好，事業的營收表現和快速適應環境變化的敏捷性，都會持續大幅提升——從短期和長期來看，能改善企業的頂線（top line，營業收入）與底線（bottom line，淨收入）。在轉型過程，你必須培養內部人才，發掘未來的領導人，並灌輸轉型所需的技能，降低對外部救援部隊的依賴。你也必須進行企業文化轉型——讓各級員工參與轉型計畫，轉變思想與心態，以顧客為重，並了解更廣泛的生態系統。

接下來我們會一一剖析每一個環節。

一、設定北極星：存在願景

北極星代表轉型的願景，也是對所有行動進行長期檢驗的標準。在提出願景之前，領導人需要與組織上下全體員工進行坦誠的對話。一如舒茲在二〇〇八年的做法，成功的領導人推動轉型工程時，須從傾聽開始。如果領導人不了解顧客的需求、公司目前面臨的挑戰以及改革的手段（做法），根本無法落實制度性改革。雖然高階主管能看到整體局勢，但一線員工往往比任何人都更清楚這些動態。

因此，納德拉接掌微軟執行長的第一年，大部分時間花在傾聽各級別的員工——匿名方式、一對一交流、或是與一群人對談。他曾待過技術和雲運算部門，相當熟悉微軟的情況，但他希望保持開放的心態。在大家眼中，他是很好的傾聽者。他告訴員工，他希望改革公司的文化，需要聽聽他們對現狀的看法。[195]透過雙向對話，行動計畫得以成形，並非由領導人單方面制定然後交待員工執行。

沒有員工的支持，領導人無法實現企業轉型，而員工也不會支持與公司脫節的領導人。領導人需要了解現狀難以為繼的原因，並找出哪些領域有發展潛力，帶領公司脫穎而出。此外，傾聽有助於建立持久的合作關係，因為這顯示領導人看重與尊重同仁。

在此基礎上，領導人可以用簡潔、鼓舞人心的方式傳達轉型的策略願景，進而激勵員工的動力和熱情，讓他們不僅克盡本職，還願意超出本分地加倍付出。例如，一位放眼全球的亞洲供應鏈領導人最近立下目標，計畫「建立一個世界級的組織，實現長期永續的成長，同時培養下一代領導人。」本書提到過一些類似的聲明，比如亞馬遜（「我們的願景是成為地球上最看重顧客的公司；打造一個線上平台，讓顧客可以在此找到和買到想要的任何東西。」）；聖塔克拉拉谷醫療中心（「打造世界一流的醫病流程，不僅病人和家屬喜愛，員工也引以為豪」）。

接下來，以條列方式簡短列出三至七個策略重點，這將作為你的改革清單。這些要點通常不那麼鼓舞人心，但比較具體，可為員工提供一個明確的方向，讓他們知道在哪裡尋找機會、如何從眾多項目中進行篩選以及考慮它們的優先順序。

這些優先項目往往會導致你放棄已經花了心力與金錢投資的想法和計畫。為了資助優先關鍵專案（可能很昂貴），你需要騰出資金、時間、精力和人才。減資不錯但不具急迫性的專案（包括個人特別熱衷的專案），這樣你才有空間推動轉型。

推動轉型的公司往往資金緊張。如前所述，賈伯斯一九九七年重返蘋果時，公司幾乎是奄奄一息，僅能再撐幾個月就可能破產。但賈伯斯有清楚的存在性願景：「我們相信，蘋果在地球上就是為了製造偉大的產品，這一點不會改變。」因此，他砍掉蘋果七〇%以上硬體和軟體產品線，包括掌上型個人數位助理——牛頓（Newton），儘管該產品具有創新性和發展潛力，卻讓瀕臨破產的蘋果雪上加霜，已燒掉了一億美元。賈伯斯砍掉數十種平凡無奇的產品，將重心集中在幾個高潛能的產品上。

同樣地，舒茲在二〇〇八年重回星巴克擔任執行長時，永久關閉了六百家門市，占全球員工總數的七%。他並下令門市停止銷售CD和書籍。這些減法措施釋出了近十億美元的現金。

舒茲在為高主設定優先項目時，依循星巴克的願景北極星，具體做法如下：

- 為了提高美國的營收，重新關注顧客在店內的體驗
- 放慢在美國開店的步伐，關閉表現不佳的門市
- 重新點燃顧客對星巴克咖啡、品牌、員工和門市的情感連結與共鳴
- 調整組織結構，精簡管理層，支持以顧客為中心的做法
- 在美國以外地區，加快擴張步伐，同時提高海外門市的獲利，可透過重新分配一部分原本用於改善美國門市的資金

有了這些優先事項，每個人都知道自己的工作目標是什麼。有了願景北極星充當導航，在有太多事情要做的環境裡，員工更有方向感。在明確的願景和優先事項支持下，員工更願意做出犧牲和承擔風險。

二、洞悉顧客的需求和大趨勢

深刻理解顧客的需求以及洞悉生態系統的大趨勢後，如何將對這兩者的認知結合起來，是這一部分的挑戰。不妨與客戶共創——這個詞可以包括所有相關的利害關係人，例如監管單位、供應商、消費者和員工。這不僅有助於找出目標顧客的需求，還有助於理解你所做的任何改革都受到整個商業生態系統的影響，包括競爭對手、新加入戰局的同業、上游至下游的參與者等等。

例如，一家專為社會弱勢族群提供醫療服務的醫院，特別強調更全面理解顧客的需求。因此

它關注公共資金水平的變化、《平價醫療法》生效後增加的病患人數，以及保險、診斷和醫療服務方面出現風險投資支持的商業模式。

然後，該醫院聚焦於把大趨勢納入所處的生態系統中，例如：

1. **技術**：顧客對你所在領域有何期望？是什麼原因讓他們有這樣的期望？例如，期望你們的服務像優步（Uber）一樣簡單。
2. **文化**：顧客所在的生態系統正在發生什麼變化？這對他們的需求、期望和行為有種何影響？
3. **行為**：在顧客與你的合作體驗中，哪些是見真章的「關鍵時刻」？

例如，一家汽車經銷商所做的顧客研究發現，試駕往往是經銷商優化服務的重點，但實際上對大多數購車者而言，試駕並不是關鍵的決策點。更多人是在看到汽車的第一眼或是讀到第一篇相關評論時做出決定的。

關鍵步驟是讓全公司全體以及轉型計畫的每個環節，都能與顧客建立情感連結。反問自己，我們正在為「誰」進行優化？超越傳統定義，納入利害相關人士以及夢想顧客。他們有哪些未被滿足的需求或潛在需求？我們是否在規畫和落實改革時，了解這些需求？

例如，一家財富管理公司認為，幫助客戶實現不錯的投資回報，就已經滿足客戶的需求。然而，他們的客戶卻認為公司沒有滿足他們的需求，沒有對他們人生的重要里程碑（比如結婚、生子和退休等）做完善的財務規畫。

最後，如何與顧客共創？僅僅了解顧客是不夠的，我們還需要讓他們參與轉型的每一步。

與顧客建立共感並非易事，而且鮮少有一體適用所有情況的方法（儘管每種方法的專家都會試圖說服你不是這樣）。這些技術包括**田野調查**（ethnographic analysis），亦即研究員走入目標顧客的日常生活裡，理解顧客如何與自家產品以及競爭對手的產品進行互動。這種方法具有侵入性、成本高、費時，但已被證明是發現潛在需求的最有效方法之一。

行為日記是輕量級的田野調查，目的是讓顧客在與你的產品互動後寫下心得。這方式旨在了解他們使用你產品的目的、使用產品時的心理感受、滿意度如何以及產品多大程度地滿足他們的需求。

訪談和焦點小組是最常見的方法，研究員邀請顧客和潛在顧客，向他們提問。這種方法比其他方法簡單甚多，但成本挺高。訪談時，如何架構以及設計問題，有效引出顧客說出真實的需求，而不是聽到你預期的回答，這需要新的技巧。市調是另一種常見的方法，讓公司能夠對廣泛的顧客群收集訊息，然後進行量化分析，從中深入理解顧客需求。

數據分析愈來愈受到重視，因為企業愈來愈仰賴顧客與產品互動的數據。例如，如果你推出一個手機應用程式，顧客通常在一天中的什麼時間打開這個程式？你能從這些訊息中推斷是什麼情況下會派上用場？與你產品互動的頻率如何？通常會用它執行什麼任務？

至於如何與顧客攜手共創，我建議使用**衝刺模式——快速完成五個不同的步驟：共情、醞釀**

想法、原型製作、測試和改善。

整個過程中，請牢記以下原則：

讓真正的顧客參與轉型工程。這比你想像的要容易甚多。雖然有一些限制，例如顧客有無時間以及能否配合等限制，但許多顧客都樂於參與轉型過程。阻力更可能來自於公司內部，例如客戶經理或業務主管，他們認為（通常是錯的）自己完全了解客戶，或是自認必須保護客戶，所以不讓他們接觸新想法。在極少數情況下，如果找不到真實用戶參與轉型計畫而必須使用代理人時，請尋找外部代理人（如執行助理），而不是內部代理人。

尋找走在前端的顧客。在每個客戶群中，總會有一些人專注尋找下一個偉大的事物，其他人則樂於跟隨在後。相較於第二類顧客，公司更有可能從第一類顧客中找到靈感來源。

自己親自下海調查。大家普遍認為，只有外部設計機構或行銷團隊才能與客戶對話交流。但要推動創新，轉型團隊的每一位成員都必須在轉型過程中的某個階段直接接觸真正的顧客，這一點非常重要。

三、員工由內而外地改變

員工個人的轉型與組織整體的轉型（至少）一樣重要。這就是比馬龍效應的原理。

少了這一點，成功轉型的機率偏低。員工往往會從三個角度看待轉型——視其為威脅、負擔或是機遇。很多時候，領導人沒有意識到員工對轉型心存恐懼，擔心自己可能被取代或被矮化。如果過程不夠透明或溝通有限，都會加深員工這種恐懼。為了幫助員工看清轉型潛在的機遇，公司需要在個體層面上推動轉型，包括領導人、志願軍、最後擴及至整個組織的員工。

轉型最好透過由內而外的過程來實現。員工可以先從關注自己的個人優勢和獨特貢獻開始，並將這些優勢與組織轉型後的願景連結在一起。他們需要了解自己如何能為轉型做出貢獻，以及轉型將如何幫助自己進步和成長。

首先，他們要確定自己的抱負與理想——利用SEE框架撰寫個人願景聲明。然後，他們必須了解自己。在這方面，他們可以使用多種工具，包括邁爾斯-布里格斯性格分類法（Myers-Briggs）、九型人格測試（Enneagrams）、GC指數（GC Index）或優勢測驗（Strengths Finder）。然後，他們必須制定個人轉型計畫，並與同事分享，這可形成一種公開的承諾，既是對自己承諾，也是向他人承諾。。

在轉型過程中，他們應定期（至少每月一次）重新檢視自己的計畫，評估自己是否按照承諾為轉型做出貢獻，是否獲得了轉型所承諾的成長機會。推動轉型的過程中，有個關鍵是建立一個機制，適當地對這些反思做出回應。

四、轉型作業系統

大多數組織的結構不適合快速、流暢的決策，但快速、流暢的決策將有利你成功轉型，因此公司需要另建一個非層級結構，推動大膽、快速、下放決策權的「矽谷文化」；發揮實驗精神；以及持續的測試和學習。

最好的辦法是為每個關鍵領域組建扁平化結構的跨職能團隊，團隊成員來自整個組織。我把這些團隊稱為「快速反應團隊」，每個團隊由一名「飛行員」（pilot）領導。這些團隊需要納入資深員工以及新進員工，才能有效發揮功能。團隊需要保持開放的作業流程，以便刺激創意、討論，並在理想情況下支持大膽決策。他們需要鼓勵甫畢業、習慣數位科技的新世代，讓他們也能和經驗豐富的高管一樣，對轉型做出貢獻。團隊成員無須向「飛行員」彙報工作進展。重要的是，這些團隊成員不應侷限於「業務領域」或「前台」員工，而應納入來自不同職能與部門的員工，包括人力資源、財務、資訊科技等部門的職員，作為團隊的正式成員。

不管什麼專案，有效落實管理至關重要；然而很多時候管理往往變成一種負擔，而非提供支持。關於這點，應該由組織內的高階主管組成核心團隊，支持快速反應團隊，並由堅定落實轉型的人領導這支核心團隊——通常由分公司總經理、總經理或總裁擔綱，負責轉型努力得以成功開花結果。所有這些團隊（快速反應團隊與核心團隊）通常會獲得專案經理的協助，專案經理是轉型工程的主要協調人，負責制定和掌控節奏。

這種支持應側重於激勵快速反應團隊，提升他們的遠見，也協助消除組織架構造成的阻力（例如免除繁瑣的文書作業）。專案經理可以輕而易舉地協調各團隊，促進重疊計畫之間相互支援，發揮綜效。

轉型需要的風險承受度不同於日常的業務活動，因此企業面對風險，心態上須更開放大膽，也需要各團隊更緊密合作。團隊必須做好準備，勇於承擔可控的風險，勇敢做出大膽決策，並在設計和執行改革措施時，保持靈活應變能力，以利推動各種轉型努力。雖然不能放棄風險管理，但公司必須簡化這些流程，並關注與計畫相關的真正風險。

更好的做法是，將具備風險管理專業能力（包括法務、法遵和供應商管理等）納入每個快速反應團隊，讓這些人成為正式成員，而不僅僅是守門員或輔助的角色。

沒有明確的衡量標準，無法判斷任何轉型努力是否成功。因此每個快速反應團隊必須以核心團隊達成共識的基準線作為起點，並制定可實現、可衡量、但不易達成的目標。為免重複計算效益，各團隊需要與核心團隊一起討論，確定可以採取哪些措施實現目標。

最後，轉型需要投資，包括新工具、培訓、資源等等都需要錢。許多公司對轉型工程前期做了大量投資，結果卻令人失望，遲遲不見回報。快速反應團隊不應該得到一張空白支票（無上限的資金），但也不應該要求他們天馬行空編寫所謂「企業個案」之類的小說。相反，他們應該參考新創投資業的做法。每個倡議都從少量資金開始，必須滿足最初的里程碑和證明點（proof points），證明確實發揮了影響力的計畫可以獲得「A輪」資金。而無法證明成效的計畫必須停止，以利快速反應團隊能夠繼續展開下一個計畫——同時從失敗的計畫中汲取經驗與教訓。

五，擔任志願軍

快速反應團隊必須是一支積極推動公司轉型工程、又能繼續履行他們原本工作職責的隊伍。志願軍來自組織的各個層級，但公司必須鼓勵他們參與轉型工程。他們的參與能讓所有員工對轉型產生責任感，並為此做出承諾。在轉型過程中，他們可以避免從規畫到實施過程中出現的認知落差和誤解。最重要的是，他們確保轉型讓公司出現實質性改變，而非表面或形式上的改變，同時在組織成長之際，能培訓自己的人才。

大多數公司內部都有一些對其所在領域具備專業知識的意見領袖或有影響力的職員。然而，調查發現，八五%的員工並未全心投入自己的工作，他們當中的許多人就是這些意見領袖——因為公司通常不重視他們，或是未賦能與賦權他們。公司應找出有出色點子的人，他們雖然對現狀不滿，但具備很想改變現狀的動機。找到這些人，給予指導與鼓勵，因為他們是推動轉型機器順利運轉的齒輪。

若想延攬這些志願軍，有賴於在整個過程坦誠地溝通，這在你說明策略時尤其重要。如果你以虛假的承諾招募志願軍，他們無法確定你真正需要什麼樣的轉型，也就不會致力履行你想要落實的改革。

人力資源部門沒有一個簡單的公式可協助你尋找潛在的志願軍，但績效考核和經理人推薦多少會有些幫助。通常情況下，最好的志願軍都是在轉型之初透過鼓勵性溝通，自行選擇加入的。延攬這些人需要兩方面的支持——願景北極星的激勵以及公司對個人轉型的承諾，這樣他們就能看清這對職涯發展和個人成長的好處。反過來說，快速反應團隊的扁平化結構也會激勵他們，讓他們做出影響組織未來走向的決定。公司高層領導層將特別關注他們，並直接與他們接觸溝通。

隨著轉型進入執行階段，志願軍將離開團隊，完全回歸組織。公司將他們調到關鍵的影響點，繼續發揮影響力，確保轉型深耕。他們將成為推動轉型的傳教士。

這一個過程在理論上看起來很順暢，但即使有志願軍的支持，快速反應團隊也常發現很難有效地合作配合。不妨提供他們有利合作和共創的數位化解決方案，例如通訊軟體、文件共享和現代專案管理程式等等。有一個正式的工作節奏，尤其是在初期階段，有助於團隊內部和團隊之間有效地協調合作。

讓快速反應團隊成員完全脫離他們原本的工作是很誘人的想法，但其實他們須維持原本的角色，才能保持在狀況內，因應平常工作的挑戰。他們也將在團隊裡學習到如何平衡不同業務以及優先處理哪些工作等重要技能，這對於日後想進入管理層的成員非常重要。他們還可以透過非正式溝通管道，對整個組織傳播轉型訊息（和成功經驗）。如果人選選得不錯，在培養這些志願軍的過程中，企業還能找出、留住和培養下一代幹部。

牢記關鍵元素

這些基本元素直接參考了「存在意義」和「對顧客著魔」兩大原則，但本書闡述的其他六個要素也是推動轉型的必要引擎：推廣比馬龍效應、創業心態、掌握改革節奏、雙模式思維、大膽行動和跨界合作。公司必須強調熱情，為更好的世界盡一份心力的熱情，克服個人渴望和不安全感，才能順利推動轉型。

要實現永續創新，情感承諾才是關鍵，這會激勵企業超越短期的利潤或營收。一旦你讓員工接受明確的目標和策略，並應用本書的原則，他們會擺脫傳統的企業官僚心態，成為永續創新者。祝你在轉型路上一帆風順。

資料來源

序

1 Karen Christensen, “Thought Leader Interview: Behnam Tabrizi,” *Rotman Management Magazine*, May 2022. https://store.hbr.org/product/thought-leader-interview-behnam-tabrizi/ROT455

第 1 章

2 Most Big Tech Companies Have Become Places WhereTalent Goes to Die,” *Webinar Stores*, October 21, 2021. https://webinarstores.net/site/news/news_details/420/most-big-tech-companies-have-become-places-where-talent-goes-to-die-musk

3 Rahul Gupta, “Nokia CEO's Speech,” LinkedIn, May 8, 2016. https://www.linkedin.com/pulse/nokia-ceo-ended-his-speech-saying-we-didnt-doanything-rahul-gupta/

4 Steve Denning, “Why Agile Needs To Take Over Management Itself,” *Forbes*, December 4, 2022. https://www.forbes.com/sites/stevedenning/2022/12/04/why-agile-needs-to-take-over-management-itself/?sh=360d27575b28

5 European Research Initiative Consortia (“ERIC”) forum.

6 Matthew Kish, “Wild 1977 Nike Memo,” *Business Insider*, January 27, 2023. https://www.businessinsider.com/wild-1970s-rob-strasser-memo-shows-origins-nike-competitive-culture-2023-1?op=1

7 Rosabeth Moss Kanter, “Managing Yourself: Zoom In, Zoom Out,” *Harvard Business Review*, March 2011. https://hbr.org/2011/03/managing-yourself-zoom-in-zoom-out

8 James Clear, “First Principles: Elon Musk on the Power of Thinking for Yourself,” *JC Newsletter*, undated. https://jamesclear.com/first-principles

9 Mark Bonchek, “Unlearning Mental Models,” *Causeit Guide to Digital Fluency*, 2021. https://www.digitalfluency.guide/thinking-for-a-digital-era/unlearning-mental-models

10 E. Kumar Sharma, “Companies Need to Think of Continuous Reconfiguration,” *Business Today*, February 15, 2014. https://www. businesstoday.in/opinion/interviews/story/rita-gunther-mcgrathon-companies-competition-133987-2014-02-15

11 Andrea Schneider, “Chocolate Cake vs. Fruit – Or Why Get Emotional During ‘Rational’ Negotiations,” *Indisputably*, January 26, 2010. http://indisputably.org/2010/01/chocolate-cake-v-fruit-or-why-get-emotional-during-rational-negotiations/

12 Marc Andreesen's interview of Ken Griffin on Clubhouse, December 1, 2021. https://www.clubhouse.com/room/PGEX9zzd?s=09

13 Mark Schwartz, “Guts, Part Three: Having Backbone –Disagreeing and Committing,” *AWS Cloud Strategy Blog*, July 28, 2020. https://aws.amazon.com/blogs/enterprise-strategy/guts-part-three-having-backbone-disagreeing-and-committing/

14 Amy Edmondson, *The Fearless Organization: Creating Psychological Safety in the Workplace for Learning, Innovation and Growth*, Wiley, 2018. https://www.hbs.edu/faculty/Pages/item.aspx?num=5485115 Jeff Bezos tweet, Twitter.com, October 10, 2021. https://twitter.com/JeffBezos/status/1447403828505088011

15 Jeff Bezos tweet, Twitter.com, October 10, 2021. https://twitter.com/JeffBezos/status/1447403828505088011

第 2 章

16 For Microsoft's current market capitalization, go to https://companiesmarketcap.com/microsoft/marketcap/

17 Details on Microsoft come from Satya Nadella et al., *Hit Refresh: The Quest to Rediscover Microsoft's Soul and Imagine a Better Future for Everyone*, Harper Business, 2017; and Steve Denning, “How Microsoft's Transformation Created a Billion-Dollar Gain,” *Forbes.com*, June 20, 2021. https://www.forbes.com/sites/stevedenning/2021/06/20/how-microsoftsdigital-transformation-created-a-trillion-dollar-gain/?sh=3536aa0d625b

18 “Who we are,” Amazon. https://www.aboutamazon.com/about-us

19 Haier ranks first in volume sales of major appliances brands in the world in 2018,” Haier, January 10, 2019. https://www.haier.com/my/about-haier/news/20190604_74036.shtml

20 “Company Overview,” Haier. https://www.haier.com/global/about-haier/intro/

21 Luke Lango, “Tesla Is the Next Trillion-Dollar Company,” *Investor Place*, October 20, 2010. https://www.nasdaq.com/articles/tesla-is-the-next-trillion-dollar-company-2020-10-20

22 Dana Hull, “Tesla Is Plugging a Secret Mega Battery into the Texas Grid,” *Bloomberg.com*, March 8, 2021. https://www.bloomberg.com/news/features/2021-03-08/tesla-is-plugging-a-secret-mega-battery-into-the-texas-grid

23 Carmine Gallo, “Steve Jobs Asked One Profound Question that Took Apple from Near Bankruptcy to $1 Trillion,” *Forbes.com*, August 5, 2018. https://www-forbes-com.cdn.ampproject.org/c/s/www.forbes.com/sites/carminegallo/2018/08/05/steve-jobs-asked-one-pro found-question-that-took-apple-from-near-bankruptcy-to-1-trillion/amp/

24 “Market capitalization of Apple (AAPL),” Apple. https://companiesmarketcap.com/apple/marketcap/

25 “Steve Jobs talks about Core Values at D8 2010,” video, *YouTube.com*. https://www.youtube.com/watch?v=5mKxekNhMqY

26 庫克在2022年回憶賈伯斯時說道：「我想他會很高興，因為我們正在履行他津津樂道的價值觀，比如隱私、環境保護等，這些都是他的核心價值觀。同時我們也在不斷創新，努力為大眾提供一些東西，讓他們能夠完成一些原本做不到的事情。」他補充說道，賈伯斯不會對蘋果飆升的股價留下深刻印象。Tim Higgins, “Tim Cook Advises Man Concerned About Green Text Bubbles,” *Wall Street Journal*, September 8, 2022. https://www.wsj.com/articles/tim-cook-advises-man-concernedabout-green-text-bubbles-buy-your-mom-an-iphone-11662614342?mod=-Searchresults_pos1&page=1

27 Eric Engleman, “Amazon.com's 1-Click Patent Confirmed Following Re-exam,” *Puget Sound Business Journal*, March 10, 2010. https://www. bizjournals.com/seattle/blog/techflash/2010/03/amazons_1-click_patent_confirmed_following_re-exam.html?page=all

28 Mike Masnick, “Jeff Bezos on Innovation: Stubborn on Vision, Flexible on Details,” *Techdirt.com*, June 17, 2011. https://www.techdirt.com/2011/06/17/jeff-bezos-innovation-stubborn-vision-flexible-details/

29 我在與Michael Terrell合著的《由內而外的效應》（*The Inside-Out Effect*）一書中詳細討論了個人使命感。

30 “The Brightline Transformation Compass,” Brightline Project Management Institute, October 24, 2019. https://www.brightline.org/resources/transformation-compass/#download

31 深入的討論內容，詳見*The Inside-Out Effect*.

32 Catherine Moore, "What Is Positive Psychology?" *Positive Psychology.com*, January 8, 2019. https://positivepsychology.com/what-is-flow/

33 John Herman, "Inside Facebook's Political-Media Machine," *New York Times Magazine*, August 24, 2016. https://www.nytimes.com/2016/08/28/magazine/inside-facebooks-totally-insane-unintentionally-gigantic-hyperpartisan-political-media-machine.html

34 Siladitya Ray, "Rohingya Refugees Sue Facebook for $150 Billion," *Forbes.com*, December 7, 2021. https://www.forbes.com/sites/siladityaray/2021/12/07/rohingya-refugees-sue-facebook-for-150-billion-allegingplatform-failed-to-curb-hate-speech-that-was-followed-by-violence/?sh=24a-352dae713

35 "FTC Settles with Facebook for $5 Billion," *Business Insider*, July 2019. https://www.businessinsider.com/facebook-settlement-ftc-billion-privacy-2019-7

36 Alexandra Ma, "Facebook and Cambridge Analytica," *Business Insider*, August 23, 2019. https://www.businessinsider.com/cambridge-analytica-a-guideto-the-trump-linked-data-firm-that-harvested-50-million-facebook-profiles-2018-3

37 Kari Paul, "Facebook's Very Bad Year," *The Guardian*, December 29, 2021. https://www.theguardian.com/technology/2021/dec/29/facebook-capitol-riot-frances-haugen-sophia-zhang-apple

第 3 章

38 Brad Stone, *Amazon Unbounded: Jeff Bezos and the Invention of a Global Empire*, Simon & Schuster, 2021.

39 Gary Hamel and Michelle Zanini, "The End of Bureaucracy," *Harvard Business Review*, November–December, 2018. https://hbr.org/2018/11/the-end-of-bureaucracy

40 Eugenia Battaglia, "Beyond the Mechanics of Haier," *Medium.com*, October 5, 2020. https://stories.platformdesigntoolkit.com/beyond-the-mechanicsof-haier-leading-40-years-of-entrepreneurial-transformation-with-bill-fischer-2e791677b6e

41 "Shattering the status quo: A conversation with Haier's Zhang Ruimin," *McKinsey Quarterly*, July 27, 2021. https://www.mckinsey.com/capabilities/people-and-organizational-performance/our-insights/shattering-the-status-quo-a-conversation-with-haiers-zhang-ruimin

42 Hamel, "The End of Bureaucracy."

43 Covandongo O'Shea, *The Man From ZARA: The Story of the Genius Behind the Inditex Group*, LID Publishing, 2012. 除非本章有註明其他來源，否則本書有關ZARA的訊息都出自此書。

44 "Lessons Learned from Working with Steve Jobs: Interview with Ken Segall," *Speaking.com*, n.d. https://speaking.com/blog-post/simplicity-and-other-lessons-from-working-with-steve-jobs-by-ken-segall/

45 Steve Denning, "How an Obsession with Customers Made Microsoft a $2 Trillion Company," *Forbes.com*, June 6, 2021. https://www.forbes.com/sites/stevedenning/2021/06/25/how-customers-made-microsoft-a-two-trillion-dollar-company/?sh=d80d7b62cc02

46 Ashley Lobo, "A Case Study of Tesla: The World's Most Exciting Automobile Company," *Medium.com*, March 24, 2020. https://medium.com/@ashleylobo98/a-case-study-on-tesla-the-worlds-most-exciting-automobile-company-535fe9dafd30

47 Carmine Gallo, "How the Apple Store Creates Irresistible Customer Experiences," *Forbes.com*, April 10, 2015. https://www.forbes.com/sites/carminegallo/2015/04/10/how-the-apple-store-creates-irresistible-customer-experiences/?sh=5accd26a17a8

48 Bezos, *2001 Letter to Shareholders, in Invent and Wander: The Collected Writings of Jeff Bezos*, HBR Press, 2020.

49 Stone, *Amazon Unbound*.

50 Rebecca Brown, "What You Need to Know About Amazon Prime:2005-Today," *pattern blog*, August 20, 2020. https://pattern.com/blog/amazon-prime-a-timeline-from-2005-to-2020/

51 Annie Palmer, "Jeff Bezos Says Amazon Needs to Do a Better Job for Employees in His Final Shareholder Letter as CEO," *CNBC.com*, April15, 2004. https://www.cnbc.com/2021/04/15/jeff-bezos-releases-final-letter-

to-amazon-shareholders.html
52 Stone, *Amazon Unbound*.
53 Richard Halkett, "Using Customer Obsession to Drive Rapid Innovation," *Forbes.com* sponsored, November 7, 2022; and Colin Bryar and Bill Carr, *Working Backwards: Insights, Stories and Secrets from Inside Amazon*, St. Martin's Press, 2021.
54 Rebecca Brown, "What You Need to Know About Amazon Prime: 2005-Today," *pattern blog*, August 20, 2020. https://pattern.com/blog/amazon-prime-a-timeline-from-2005-to-2020/
55 Author's interview with an ex-manager from an Amazon Fulfillment Center, January 2022.
56 David Segal, "Apple's Retail Army, Long on Loyalty but Short on Pay," *New York Times*, June 23, 2012. https://www.nytimes.com/2012/06/24/business/apple-store-workers-loyal-but-short-on-pay.html?_r=1&hp&pagewanted=all
57 Henry Blodget, "Check Out How Apple Brainwashes Its Store Employees, Turning Them into Clapping, Smiling Zealots," *Business Insider*, June 24, 2012. https://www.businessinsider.com/how-apple-trains-store-employees-2012-6
58 作者訪談亞馬遜物流中心前經理, January 2022.
59 Jeff Bezos, 2012 letter to shareholders.
60 作者訪談特斯拉前經理, January 2022.
61 作者訪談Cyrus Afkhami, 2022.
62 作者訪談Afkhami; and Halkett, "Using Customer Obsession."
63 Ravneet Uberoi, "ZARA: Achieving the 'Fast' in Fast Fashion through Analytics," HBS Digital Initiative, April 5, 2017. https://digital.hbs.edu/platform-digit/submission/ZARA-achieving-the-fast-in-fast-fashion-through-analytics/

第 4 章

64 Charles O'Reilly et al., "The Promise and Problems of Organizational Culture: CEO Personality, Culture, and Firm Performance," *Group & Organization Management*, 2014, 39:595–625.
65 Jeff Bezos, *Invent and Wander: The Collected Writings of Jeff Bezos*, Harvard Business Review Press, November 17, 2020.
66 Aine Cain, "A Former Tesla Recruiter Explains Why All the Candidates Had to Go through Elon Musk at the End of the Hiring Process," *Business Insider*, December 1, 2017. https://www.businessinsider.com/tesla-how-to-get-hired-2017-12
67 Lydia Dishman, "How this CEO Avoided the Glass Cliff and Turned Around an 'Uninvestable' Company," *Fast Company*, September 11, 2018. https://www.fastcompany.com/90229663/how-amds-ceo-lisa-su-managed-to-turnthe-tech-company-around. Clare Duffy, "From the Brink of Bankruptcy to a 1,300% Gain," *CNN Business*, March 27, 2020. https://www.cnn.com/2020/03/27/tech/lisa-su-amd-risk-takers/index.html
68 Amy Kristof-Brown et al., "Consequences of Individuals' Fit at Work," *Personnel Psychology*, 2005, 58:281–342; and Lauren Rivera, "Guess Who Doesn't Fit In at Work," *New York Times*, May 30, 2015. https://www.nytimes.com/2015/05/31/opinion/sunday/guess-who-doesnt-fit-in-at-work.html#:~:text=One%20recent%20survey%20found%20that,nebulous%20and%20potentially%20dangerous%20concept
69 Matthew DeBord, "The Model S is Still Tesla's Best Car – Here's Why," *Business Insider*, September 9, 2017. https://www.businessinsider.com/whytesla-model-s-best-electric-car-2017-9. "Tesla Motors Hires Senior Google Recruiter," Tesla Press Release, April 20, 2010. https://www.tesla.com/blog/tesla-motors-hires-senior-google-recruiter-world's-leading-electric-vehicle-man
70 Bretton Potter, "Netflix's Company Culture is not for Everybody and That's Exactly How It Should Be," *Forbes*.

com, December 4, 2018. https://www.forbes.com/sites/brettonputter/2018/12/04/netflixs-company-culture-is-notfor-everybody-and-thats-exactly-how-it-should-be/?sh=29fcbc4b1880
71 Justin Bariso, "Steve Jobs Made a Brilliant Change When He Returned to Apple," *Inc.com*, April 28, 2021. https://www.inc.com/justin-bariso/stevejobs-made-a-brilliant-change-when-he-returned-to-apple-it-changed-company-forever.html
72 Podolny and Hansen, "How Apple is Organized for Innovation," *Harvard Business Review*, November–December, 2020. https://hbr.org/2020/11/how-apple-is-organized-for-innovation
73 Deborah Petersen, "Ron Johnson: It's not about Speed. It's about Doing Your Best," *Insights by Stanford Business*, July 3, 2014. https://www.gsb.stanford.edu/insights/ron-johnson-its-not-about-speed-its-about-doing-your-best
74 "AMD Named to the 2022 Bloomberg Gender-Equality Index," AMD Press Release, February 8, 2022. https://finance.yahoo.com/news/amd-named-2022-bloomberg-gender-130014537.html?
75 Erin Sairam, "Women Thrive at the Bumble Hive," *Forbes.com*, July 3, 2018. https://www.forbes.com/sites/erinspencer1/2018/07/03/women-thrive-at-the-bumble-hive/?sh=bc67eeb5741a
76 Steve Glaveski, "Leadership Lessons from Bill Campbell," *Medium.com*, May 5, 2019. https://medium.com/steveglaveski/leadership-lessons-from-bill-campbell-the-trillion-dollar-coach-37d5494c8be2
77 "Performance Management at Tesla: What We Know," *PerformYard*, August 28, 2021. https://www.performyard.com/articles/performance-management-at-tesla-what-we-know#:~:text=In%20an%20email%20statement%20submitted,compensation%2C%20equity%20awards%20or%20promotions
78 Gary Hamel and Michelle Zanini, "The End of Bureaucracy," *Harvard Business Review*, Nov.-Dec. 2018. https://hbr.org/2018/11/the-end-of-bureaucracy;and https://www.haier.com/global/about-haier/intro/
79 Patty McCord, "How Netflix Reinvented HBR," *Harvard Business Review*, January–February 2014. https://hbr.org/2014/01/how-netflix-reinvented-hr
80 Callum Bouchers, "Your Boss Still Thinks You're Faking It When You're Working from Home," *Wall Street Journal*, October 20, 2022. https://www.wsj.com/articles/your-boss-still-thinks-youre-faking-it-whenyoureworkingfrom-home-11666216953?mod=hp_featst_pos3
81 Brad Johnson and David Smith, "Real Mentorship Starts with Company Culture, Not Formal Programs," *Harvard Business Review,* December 30, 2019. https://hbr.org/2019/12/real-mentorship-starts-with-company-culture-not-formal-programs
82 Rachel Ranosa, "How Was Steve Jobs as a Mentor," *People Matters*, October 7, 2021. https://anz.peoplemattersglobal.com/article/leadership/how-was-steve-jobs-as-mentor-tim-cook-remembers-the-icon-31184
83 Bruce Pfau, "How an Accounting Firm Convinced Its Employees They Could Change the World," *Harvard Business Review*, October 6, 2015. https://hbr.org/2015/10/how-an-accounting-firm-convinced-its-employees-they-couldchange-the-world
84 Kindra Cooper, "Inside the FAANG Performance Review Process," *Candor*, May 18, 2022. https://candor.co/articles/career-paths/inside-the-faang-performance-review-process
85 Robert Sutton and Ben Wigert, "More Harm Than Good: The Truth About Performance Reviews," *Gallup*, May 6, 2019. https://www.gallup.com/workplace/249332/harm-good-truth-performance-reviews.aspx
86 Kevin Crowley, "Exxon's Exodus," *Bloomberg Businessweek*, October 13, 2022. https://www.bloomberg.com/news/features/2022-10-13/exxon-xom-jobs-exodus-brings-scrutiny-to-corporate-culture?

第 5 章

87 Daniel Slater, "Elements of Amazon's Day 1 Culture," AWS Executive Insights.https://aws.amazon.com/

executive-insights/content/how-amazondefines-and-operationalizes-a-day-1-culture/

88 Gary Hamel, "Waking Up IBM: How a Gang of Unlikely Rebels Transformed Big Blue," *Harvard Business Review*, July–August 2000. https://hbr.org/2000/07/waking-up-ibm-how-a-gang-of-unlikely-rebels-transformed-big-blue

89 Daniel Slater, "Elements of Amazon's Day 1 Culture," AWS Executive Insights. https://aws.amazon.com/executive-insights/content/how-amazondefines-and-operationalizes-a-day-1-culture/

90 Ram Charan and Julia Yang, *The Amazon Management System: The Ultimate Business Empire That Creates Extraordinary Value for Both Customers and Shareholders*, Ideapress, 2019.

91 Andy Ash, "The Rise and Fall of Blockbuster," *Business Insider*, August 12, 2020. https://www.businessinsider.com/the-rise-and-fall-of-blockbuster-video-streaming-2020-1

92 Luca Piacentini, "The Real Reason Blockbuster Failed," *1851Franchise.com*, March 23, 2021. https://1851franchise.com/the-real-reason-blockbuster-failed-hint-its-not-netflix-2715316#stories

93 Bidyut Durma, "Transforming DBS Banks into a Tech Company," *Banking Innovation*, December 3, 2000. https://bankinginnovation.qorusglobal.com/content/articles/transforming-dbs-bank-tech-company

94 Jim Harter, "U.S. Employee Engagement Data Holds Steady," *Gallup.com*, July 29, 2021. https://www.gallup.com/workplace/352949/employee-engagement-holds-steady-first-half-2021.aspx

95 Frank Koe, "Is Intrapreneurship the Solution?" *Entrepreneur.com*, October 7, 2021. https://www.entrepreneur.com/article/387402

96 Andy Ash, "The Rise and Fall of Pan-Am," *Business Insider*, February 21, 2021. https://www.businessinsider.com/how-pan-am-went-from-pioneeringair-travel-to-bankruptcy-2020-2

97 O'Shea, *The Man from ZARA*, p. 36.

98 Jeff Bezos, *Invent and Wander*, p. 5.

99 Jeff Bezos, *Invent and Wander*, p. 330.

100 O'Shea, *The Man from ZARA*, p. 36.

101 "Steve Jobs brainstorms with the NeXT team 1985," Jobs Official, *YouTube. com*, https://www.youtube.com/watch?v=Udi0rk3jZYM

102 O'Shea, *The Man from ZARA*, pp. 66–73.

103 Jeff Bezos, *Invent and Wander*, p. 15.

104 O'Shea, *The Man from ZARA*, pp. 66–73.

105 Jeff Bezos, *Invent and Wander*, pp. 14–15.

106 *Amazon Unbound*, pp. 167–171.

107 *Amazon Unbound*, pp. 247–257.

108 O'Shea, *The Man from ZARA*, pp. 66–73.

109 Zook and Allen, *The Founder's Mentality: How to Overcome the Predictable Crises of Growth*, Harvard Business Review Press, 2016.

110 Paul Lukas, "3M, A Mining Company Built on a Mistake," *Fortune*, April 1, 2003. https://money.cnn.com/magazines/fsb/fsb_archive/2003/04/01/341016/; and 3M Canada, "The History of Masking Tape," *3M Science Centre*, March 29, 2016. https://sciencecentre.3mcanada.ca/articles/an-industrial-evolution-3m-industrial-masking-tape

111 Jacob Morgan, "Five Uncommon Internal Innovation Examples," *Forbes.com*, April 8, 2015. https://www.forbes.com/sites/jacobmorgan/2015/04/08/five-uncommon-internal-innovation-examples/?sh=4caa9bcb3a19

112 JD Rapp, "Inside Whirlpool's Innovation Machine," *Management Innovation Exchange*, January 23, 2016. https://www.managementexchange.com/story/inside-whirlpools-innovation-machine

113 Author's unpublished interview with Drew Bennett, 2022.

第 6 章

114 Scott Gleeson, “How Did #1 Seed Virginia Lose?” *USA Today*, March 17, 2018. https://www.usatoday.com/story/sports/ncaab/2018/03/17/how-didtop-overall-no-1-seed-virginia-lose-greatest-upset-all-time-umbc/434472002/

115 Patrick Guggenberger, “The Age of Speed,” *McKinsey Quarterly*, March 25, 2019. https://www.mckinsey.com/capabilities/people-and-organizational-performance/our-insights/the-organization-blog/the-age-of-speed-how-to-raise-your-organizations-metabolism

116 Robert Sutton, *Scaling Up Excellence: Getting to More without Settling for Less*, Currency, 2014. https://www.amazon.com/Scaling-Up-Excellence-Getting-Settling/dp/0385347022

117 “Discover the evolution of the domesticated cat,” *Cats Protection blog*, July 29, 2019. https://www.cats.org.uk/cats-blog/how-are-domesticcats-related-to-big-cats#:~:text=The%20oldest%20cat%20lineage%20is,leo

118 Kathleen Eisenhardt, “Making Fast Strategic Decisions in High-Velocity Environments,” *Academy of Management Journal*, 1989, 32:543–576.

119 Isabela Sa Glaister, “How to Use Sprints to Work Smart and Upskill,” *Ideo U blog*, n.d. https://www.ideou.com/blogs/inspiration/how-to-use-sprints-towork-smart-and-upskill

120 “Lionel Messi: Why Does the Barcelona Icon and FSG Star Walk So Much During Games?” *GiveMeSport.com*, August 25, 2021. https://www.givemesport.com/1742726-lionel-messi-why-does-psg-star-and-barcelona-icon-walkso-much-during-games

121 Cornelius Chang, “Slowing Down to Speed Up,” *McKinsey Organizational Blog*, March 23, 2018. https://www.mckinsey.com/business-functions/people-and-organizational-performance/our-insights/the-organization-blog/slowing-down-to-speed-up and Jocelyn Davis and Tom Atkinson, “Need Speed?Slow Down,” *Harvard Business Review*, May 2010. https://hbr.org/2010/05/need-speed-slow-down

122 *Amazon Unbound*, ch. 9.

123 Andrew S. Grove, *Only the Paranoid Survive*: *How to Exploit the Crisis Points That Challenge Every Company*, Currency, 1996.

124 Ash, “The Rise and Fall of Blockbuster.”

125 Beth Galetti, John Golden III, and Stephen Brozovich, “Inside Day 1: How Amazon Uses Agile Team Structures and Adaptive Practices to Innovate on Behalf of Customers,” *SHRM*, Spring 2019. https://www.shrm.org/executive/resources/people-strategy-journal/spring2019/pages/galetti-golden.aspx

126 Philippe Chain with Frederic Filloux, “How Tesla cracked the code of automobile innovation,” *Monday Note*, July 12, 2020. https://mondaynote.com/how-the-tesla-way-keeps-it-ahead-of-the-pack-358db5d52add

127 Justin Ferber, “Ten Years Later, Evidence is Clear,” *Cavs Corner*, April 11, 2019. https://virginia.rivals.com/news/ten-years-later-evidence-is-clearthat-bennett-s-plan-works-for-uva

128 O'Shea, *The Man from ZARA*.

129 Pauline Meyer, “Tesla Inc.'s Organizational Culture & Its Characteristics (Analysis),” *Panmore Institute*, updated February 22, 2019. https://panmore.com/tesla-motors-inc-organizational-culture-characteristics-analysis

130 Daniel Maiorca, “The Three Reasons BlackBerry Failed Spectacularly,” *Make Use Of.com*, August 18, 2021. https://www.makeuseof.com/the-reasons-blackberry-failed-spectacularlyand-why-they-might-rise-again/

131 “2018-19 Virginia Cavaliers Men's Roster and Stats,” *Sports Reference*, n.d.https://www.sports-reference.com/cbb/schools/virginia/men/2019.html

132 O'Shea, *The Man from ZARA*

133 Beril Kocadereli, “Culture at Netflix,” *Medium.com*, April 13, 2020. https://medium.com/swlh/culture-at-netflix-16a37deb6b75

134 Author's interview with Cyrus Afkhami, 2022.

135 Kif Leswing, “Apple is Breaking a 15-Year Partnership with Intel on Its Macs,” *Business Insider*, November 10, 2020. https://www.cnbc.com/2020/11/10/why-apple-is-breaking-a-15-year-partnership-with-intel-on-its-macs-.html

136 "Cadence: Defining the Heartbeat of Your Organization," *System & Soul*, September 17, 2021. https://www.systemandsoul.com/blog/cadence-defining-the-heartbeat-of-your-organization

137 *Amazon Unbound*; and Beth Galetti et al., "Inside Day 1: How Amazon Uses Agile Team Structures," *SHRM*, Spring 2019. https://www.shrm.org/executive/resources/people-strategy-journal/spring2019/pages/galetti-golden.aspx

138 Beril Kocadereli, "Culture at Netflix," *Medium.com*, April 13, 2020. https://medium.com/swlh/culture-at-netflix-16a37deb6b75

139 Sarah Krause, "Netflix Hunts for Cost Cuts," *Wall Street Journal*, September 7, 2022. https://www.wsj.com/articles/netflix-hunts-for-cost-cuts-from-cloudcomputing-to-corporate-swag-11662565220

140 Carr and Bryar, *Working Backward*.

141 Bernadine Dykes et al., "Responding to Crises with Speed and Agility," *Sloan Management Review*, October 15, 2020.

第 7 章

142 Kevin Cool, "Gwynne Shotwell on Aiming High and Taking Big Risks," *Stanford Business Insights*, July 19, 2022. https://www.gsb.stanford.edu/insights/gwynne-shotwell-aiming-high-taking-big-risks

143 Tabrizi and Rick Walleigh, "Defining Next-Generation Products: An Inside Look," *Harvard Business Review*, November–December 1997. https://hbr.org/1997/11/defining-next-generation-products-an-inside-look

144 Sarah Kessler, "This Company Built One of the World's Most Efficient Warehouses by Embracing Chaos," *Quartz*, 2020. https://classic.qz.com/perfect-company-2/1172282/this-company-built-one-of-the-worlds-most-efficient-warehouses-by-embracing-chaos/

145 "How Algorithms Run Amazon's Warehouses," *BBC.com*, August 18, 2018; Matt Day, "In Amazon's Flagship Fulfillment Center, the Machines Run the Show," *Bloomsbury Business Week*, September 21, 2021; interview with former Amazon executive.

146 Paul Alcorn, "AMD's Market Cap Surpasses Intel for the First Time in History," *Tom's Hardware*, updated February 16, 2022. https://www.tomshardware.com/news/amds-market-cap-surpasses-intel

147 "Apple iPhone 13 Review," *New York Times*, September 21, 2021.

148 "Dear Apple and Google, It's Time to Stop Releasing a New Phone Every Year," *Fast Company*, 2019.

149 O'Shea, *The Man from ZARA*.

150 Scoop Jackson, "Impact of Jordan Brand Reaches Far Beyond Basketball," *Espn.com*, February 12, 2016; and "Michael Jordan Earns $5 Royalty on Every Air Jordan Shoe Sold," *TheSportsRush.com*, February 28, 2021. https://thesportsrush.com/nba-news-michael-jordan-earns-5-royalty-on-every-air-jordan-shoe-sold-how-the-bulls-legend-amassed-a-rumored-2-1-billion-fortuneover-the-years/

151 "Defining Next Generation Products."

152 "Defining Next Generation Products."

153 Samuel Gibbs, "Facebook is not Backing Down from Its 'Innovative' Secret Experiment on Users," *The Guardian*, July 3, 2014; and Andrea Huspeni, "Why Mark Zuckerberg Runs 10,000 Facebook Versions a Day," *Entrepreneur.com*, May 24, 2017. https://www.entrepreneur.com/science-technology/why-mark-zuckerberg-runs-10000-facebook-versions-a-day/294242

154 "Jeff Bezos: Why You Can't Feel Bad About Failure," *CNBC.com*, May 22, 2020; and Chris Velasco, "Amazon's Flop of a Phone Made Newer Better Hardware Possible," *Engadget*, January 13, 2018.

155 "Defining Next Generation Products."

156 這部分主要參考Kathleen Eisenhardt and Behnam Tabrizi合著的 "Accelerating Adaptive Processes: Product Innovation in the Global Computer Industry," *Administrative Science Quarterly*, 40:84–110, 1995.

157 Eisenhardt and Tabrizi, "Accelerating Adaptive Processes."

第 8 章

158 Ron Miller, "How AWS Came to Be," *Tech Crunch*, July 2, 2016. https://techcrunch.com/2016/07/02/andy-jassys-brief-historyof-the-genesis-of-aws/?guccounter=1

159 Brandon Butler, "The Myth About How Amazon's Web Service Started Just Won't Die," *Network World*, March 2, 2015. https://www.networkworld.com/article/2891297/the-myth-about-how-amazon-s-web-service-started-justwon-t-die.html

160 Andy Wu and Goran Calic, "Does Elon Musk Have a Strategy?" *Harvard Business Review*, July 15, 2022. https://hbr.org/2022/07/does-elon-musk-have-a-strategy?ab=hero-main-text

161 Mariella Moon, "John Carmack Leaves Meta with a Memo Criticizing the Company's Efficiency," *Yahoo! Finance*, December 16, 2022. https://finance.yahoo.com/news/john-carmack-leaves-meta-043202664.html

162 *Amazon Unbound*, p. 81.

163 Gary Hamel and Michele Zanini, "How to lead with courage and build a business with heart," *Fast Company*, March 4, 2022. https://www.fastcompany.com/90727231/how-to-lead-with-courageand-build-a-business-with-heart

164 "You Can't Be a Wimp: Make the Tough Calls," *Harvard Business Review*, November 2013.

165 Arthur Brooks, "Go Ahead and Fail," *Atlantic*, February 2021.

166 Kathleen Reardon, "Courage as a Skill," *Harvard Business Review*, January 2007.

167 Deborah Petersen, "Ron Johnson: It's not about Speed. It's about Doing Your Best," *Insights by Stanford Business*, July 3, 2014. https://www.gsb.stanford.edu/insights/ron-johnson-its-not-about-speed-its-about-doing-your-best

168 Charlotte Alter, "How Whitney Wolfe Herd Turned a Vision of a Better Internet into a Billon-Dollar Brand," *Time*, March 19, 2021.

169 Author's interview with a former Tesla executive, February 2022.

第 9 章

170 Ian Leslie, "Before You Answer, Consider the Opposite Possibility," *Atlantic*, April 2021.

171 Rob Cross and Inga Carboni, "When Collaboration Fails and How to Fix It," *Sloan Management Review*, December 8, 2020.

172 Jeff Haden, "When Jeff Bezos's Two-Pizza Teams Fell Short," *Inc.*, February 10, 2021.

173 Rob Cross et al., "Collaborative Overload," *Harvard Business Review*, January–February 2016.

174 Michael Hyatt, "Don't Hire People Unless the Batteries Are Included," *Full Focus*, n.d. https://fullfocus.co/batteries-included/

175 Candace Whitney-Morris, "The World's Largest Private Hackathon," *Microsoft.com*, July 23, 2018. https://news.microsoft.com/life/hackathon/

176 "Radical Collaboration in Enterprises: How Does It Work," *Techtarget. com*, February 24, 2022. https://www.techtarget.com/searchcio/feature/Radical-collaboration-in-enterprises-How-does-it-work

第 10 章

177 Carmine Gallo, "How Starbucks CEO Inspired Us to Dream Bigger," *Forbes.com*, December 2, 2016. https://www.forbes.com/sites/carminegallo/2016/12/02/how-starbucks-ceo-howard-schultz-inspired-us-to-dreambigger/?sh=32184913e858

178 "Our Mission," Starbucks. https://archive.starbucks.com/record/our-mission

179 Nathaniel Meyerson, "Three Times Howard Schultz Saved Starbucks," *CNN Money*, June 5, 2018. https://money.cnn.com/2018/06/05/news/companies/starbucks-howard-schultz-coffee/index.html
180 Julia Hanna, "Starbucks Reinvented," *Forbes.com*, August 25, 2017. https://www.forbes.com/sites/hbsworkingknowledge/2014/08/25/starbucks-reinvented/?sh=c2226c730d0c
181 "Our Mission," Starbucks. https://archive.starbucks.com/record/our-mission
182 "Net revenue of Starbucks worldwide from 2003 to 2022," *Statista*. https://www.statista.com/statistics/266466/net-revenue-of-thestarbucks-corporation-worldwide/
183 Max Pakapol, "The Perfect Blend: Starbucks and Data Analytics," *HBS Digital Initiative*, March 23, 2021; and Bernard Marr, "Starbucks: Using Big Data, Analytics and AI to Boost Performance," *Forbes.com*, May 28, 2018.
184 "Our Mission," Starbucks. https://archive.starbucks.com/record/our-mission
185 Jim Ewel, "The Transformation Agenda," *Agile Marketing*, June 3, 2013.https://agilemarketing.net/transformation-agenda/
186 "Net revenue of Starbucks worldwide from 2003 to 2022," *Statista*. https://www.statista.com/statistics/266466/net-revenue-of-the-starbuckscorporation-worldwide/
187 Hanna, "Starbucks Reinvented."
188 Howard Schultz, Onward: *How Starbucks Fought for Its Life Without Losing Its Soul,* Rodale, 2012, p. 278.
189 Alberto Onetti, posting on LinkedIn.com, September 2022. https://www.linkedin.com/posts/aonetti_startbucks-fintech-banking-activity-6971732990083104768-u_kV/?utm_source=share&utm_medium=member_ios
190 "Starbucks is speeding up innovation at its Seattle research hub," *CNBC.com*, May 2, 2019. https://www.cnbc.com/2019/05/02/starbucks-is-speeding-upinnovation-at-its-seattle-research-hub.html
191 Schultz, *Onward*
192 Schultz, *Onward,* p. 278
193 Aimee Groth, "19 Amazing Ways CEO Howard Schultz Saved Starbucks," *Business Insider*, June 19, 2011. https://www.businessinsider.com/howard-schultz-turned-starbucks-around-2011-6
194 "Interim Starbucks CEO Howard Schultz on Labor Unions," *Reuters*, March 16, 2022. https://www.reuters.com/business/retail-consumer/interim-starbucks-ceo-howard-schultz-labor-unions-2022-03-16/
195 這部分主要出自我之前的兩本著作, *Rapid Transformation* and *The Inside-Out Effect*, 特別是我與Project Management Institute共同開發的Brightline轉型指南，協助企業進行重大變革。 https://www.brightline.org/resources/transformation-compass/
196 "Satya Nadella Employed a Growth Mindset," *Business Insider*, March 7, 2020. https://www.businessinsider.com/microsoft-ceo-satya-nadella-company-culture-shift-growth-mindset-2020-3

國家圖書館出版品預行編目(CIP)資料

向矽谷學敏捷創新：史丹佛轉型專家親授微軟、亞馬遜等矽谷巨頭8大致勝心態，打造創新、活力十足的卓越組織/貝南.塔布里奇(Behnam Tabrizi) 著；鍾玉玨譯. -- 初版. -- 臺北市：城邦文化事業股份有限公司商業周刊, 2024.05
304面；17 × 22公分
譯自：Going on offense : a leader's playbook for perpetual innovation

ISBN 978-626-7366-66-0((平裝)

1.CST: 企業經營 2.CST: 企業策略 3.CST: 組織管理

494.1 113001813

向矽谷學敏捷創新

作者	貝南・塔布里奇（Behnam Tabrizi）
譯者	鍾玉玨
商周集團執行長	郭奕伶

商業周刊出版部

總監	林雲
責任編輯	盧珮如
封面設計	萬勝安
內頁排版	邱介惠
出版發行	城邦文化事業股份有限公司 商業周刊
地址	115 台北市南港區昆陽街 16 號 6 樓 電話：(02)2505-6789　傳真：(02)2503-6399
讀者服務專線	(02)2510-8888
商周集團網站服務信箱	mailbox@bwnet.com.tw
劃撥帳號	50003033
戶名	英屬蓋曼群島商家庭傳媒股份有限公司城邦分公司
網站	www.businessweekly.com.tw
香港發行所	城邦（香港）出版集團有限公司 香港灣仔駱克道 193 號東超商業中心 1 樓 電話：(852) 2508-6231　傳真：(852) 2578-9337 E-mail：hkcite@biznetvigator.com
製版印刷	中原造像股份有限公司
總經銷	聯合發行股份有限公司 電話：(02) 2917-8022
初版 1 刷	2024 年 5 月
定價	450 元
ISBN	978-626-7366-66-0
EISBN	9786267366684（PDF）／9786267366677（EPUB）

GOING ON OFFENSE: A Leader's Playbook for Perpetual Innovation

金商道

The positive thinker sees the invisible, feels the intangible, and achieves the impossible.

惟正向思考者，能察於未見，感於無形，達於人所不能。 —— 佚名